I0043254

Paul R. Jr. Brou

Culture de cellules animales: scale up dans l'industrie
pharmaceutique

Paul R. Jr. Brou

Culture de cellules animales: scale up dans l'industrie pharmaceutique

Transfert de la production de protéines thérapeutiques, du laboratoire à l'échelle industrielle

Presses Académiques Francophones

Impressum / Mentions légales
Bibliografische Information der Deutschen Nationalbibliothek: Die Deutsche Nationalbibliothek verzeichnet diese Publikation in der Deutschen Nationalbibliografie; detaillierte bibliografische Daten sind im Internet über http://dnb.d-nb.de abrufbar.
Alle in diesem Buch genannten Marken und Produktnamen unterliegen warenzeichen-, marken- oder patentrechtlichem Schutz bzw. sind Warenzeichen oder eingetragene Warenzeichen der jeweiligen Inhaber. Die Wiedergabe von Marken, Produktnamen, Gebrauchsnamen, Handelsnamen, Warenbezeichnungen u.s.w. in diesem Werk berechtigt auch ohne besondere Kennzeichnung nicht zu der Annahme, dass solche Namen im Sinne der Warenzeichen- und Markenschutzgesetzgebung als frei zu betrachten wären und daher von jedermann benutzt werden dürften.

Information bibliographique publiée par la Deutsche Nationalbibliothek: La Deutsche Nationalbibliothek inscrit cette publication à la Deutsche Nationalbibliografie; des données bibliographiques détaillées sont disponibles sur internet à l'adresse http://dnb.d-nb.de.
Toutes marques et noms de produits mentionnés dans ce livre demeurent sous la protection des marques, des marques déposées et des brevets, et sont des marques ou des marques déposées de leurs détenteurs respectifs. L'utilisation des marques, noms de produits, noms communs, noms commerciaux, descriptions de produits, etc, même sans qu'ils soient mentionnés de façon particulière dans ce livre ne signifie en aucune façon que ces noms peuvent être utilisés sans restriction à l'égard de la législation pour la protection des marques et des marques déposées et pourraient donc être utilisés par quiconque.

Coverbild / Photo de couverture: www.ingimage.com

Verlag / Editeur:
Presses Académiques Francophones
ist ein Imprint der / est une marque déposée de
OmniScriptum GmbH & Co. KG
Heinrich-Böcking-Str. 6-8, 66121 Saarbrücken, Deutschland / Allemagne
Email: info@presses-academiques.com

Herstellung: siehe letzte Seite /
Impression: voir la dernière page
ISBN: 978-3-8416-3217-3

Zugl. / Agréé par: Lyon, Université Claude Bernard, Diss., 2014

« Sur le plan de la méthodologie scientifique, il faut être sévère avec soi-même »

Cheick Anta Diop

Table des matières

Nomenclature

Variables

B	Largeur des contre-pales	m
C	Espace libre entre l'agitateur et le fond de la cuve	m
D	Diamètre de l'agitateur	m
d_b	Diamètre moyen des bulles	m
d_c	Diamètre moyen des cellules	m
g	Constante de gravité	m.s^{-2}
k_L	Coefficient de transfert de matière de O_2 du côté liquide	m.s^{-1}
$k_L a$	Coefficient volumique de transfert d'O_2	s^{-1}
$k_L a^{-1}$	Temps de transfert d'oxygène	s
$k_L a_{CO_2}$	Coefficient volumique de transfert de CO_2	s^{-1}
N	Vitesse d'agitation	m.s^{-1}
N_T	Vitesse d'agitation terminale	m.s^{-1}
P	Puissance dissipée en présence d'aération	W
P_0	Puissance dissipée en absence d'aération	W
P_{CO_2}	Pression partielle en oxygène	Pa
P_{O_2}	Pression partielle en oxygène	Pa
q_{O_2}	Vitesse spécifique de consommation d'oxygène par les cellules animales	mol/10^{5}cell/h
R_{CO_2}	Vitesse d'élimination du CO_2	mmHg.s^{-1}
T	Diamètre de la cuve	m
T_{circ}	Temps de circulation	s
T_{ct}	Temps caractéristique de transfert	s
T_m	Temps de mélange	s
U_g	Vitesse superficielle de gaz	m.s^{-1}
V	Volume de liquide	m^3
w	Largeur de l'agitateur	m
Z	Hauteur du liquide	m

Variables grecques

α	Coefficient du système de culture	-
β	Coefficient du système de culture	-
γ	Taux de cisaillement	s^{-1}
ρ	Masse volumique	kg.m^{-3}
μ	Viscosité dynamique.	Pa.s
ν_0	Viscosité cinématique newtonienne	m^2.s^{-1}

Nombres adimensionnels

N_p	Nombre de puissance	

Abréviations

ADN	Acide désoxyribonucléique
AMM	Autorisation de mise sur le marché
ATP	Adénosine triphosphate
BHK	Baby Hamster Kidney
CA	Chiffre d'affaire
CHO	Chinese Hamster Ovary
DMEM	Dulbecco's Modified Eagle's Medium
EGF	Epidermal Growth Factor
EMA	European Medecines Agency
FDA	Food and Drug Administration
FGF	Fibroblast Growth Factor
Gal	Galactose
Glc	Glucose
HEK	Human embryonic kidney
IGF	Insuline-like Growth Factor
MDCK	Madin-Darby Canine Kidney
Mds$	Milliards de dollar
MEM	Modified Eagle's Medium
MRC-5	Medical Research Coucil 5
OCDE	Organisation de coopération et de développement économiques
OMS	Organisation Mondial de la Santé
OTR	Oxygen Transfer Rate
OUR	Oxygen Uptake Rate
rpm	Revolutions Per Minute (tours par minute)
RPMI	Roswell Park Memorial Institute
Sf9	*Spodoptera frugiperda 9*
ST	Swine testicular
UDP-Glc	Uridine-diphosphate-glucose
UDP-gal	Uridine-diphosphate-galactose
WI-38	Wistar Institute 38

Introduction

Au cours de ces dernières décennies de nombreux progrès en génétique et en culture de d'organismes vivants ont conduit à l'émergence de l'utilisation de systèmes biologiques dans la production de substances médicamenteuses[1]. Ces systèmes constituent une alternative pour la synthèse de molécules non accessibles par voie chimique exclusive. Dans cette thèse, un intérêt tout particulier a été porté sur les cellules animales. Ces cellules sont capables d'effectuer des modifications post traductionnelles indispensables à l'activité des protéines thérapeutiques.

La culture de cellules animales permet la production de nombreuses molécules thérapeutiques telles que des vaccins et des protéines recombinantes. Actuellement, 60 à 70% des protéines recombinantes pharmaceutiques sont produites dans les cellules de mammifères. La mise en place de procédé de culture de cellules animales industriel fiable requiert de longues investigations et des compétences multidisciplinaires.

Dans un premier temps, il est nécessaire de connaître les paramètres biologiques de la cellule animale utilisée et de maitriser leur impact sur la croissance cellulaire et la production de la molécule d'intérêt. En effet, la connaissance des paramètres optimaux pour la croissance et la production de la molécule d'intérêt permet de définir les conditions opératoires du procédé de culture.

Ensuite, la technologie, dans laquelle la culture cellulaire est effectuée, est sélectionnée en regard des conditions opératoires. La production de molécules thérapeutiques est ainsi réalisée à l'échelle de quelques litres, cette échelle constitue la base du dimensionnement de la culture industrielle.

L'ensemble des facteurs susceptibles d'influencer le comportement des cellules est illustré sur la figure suivante (Figure 1):

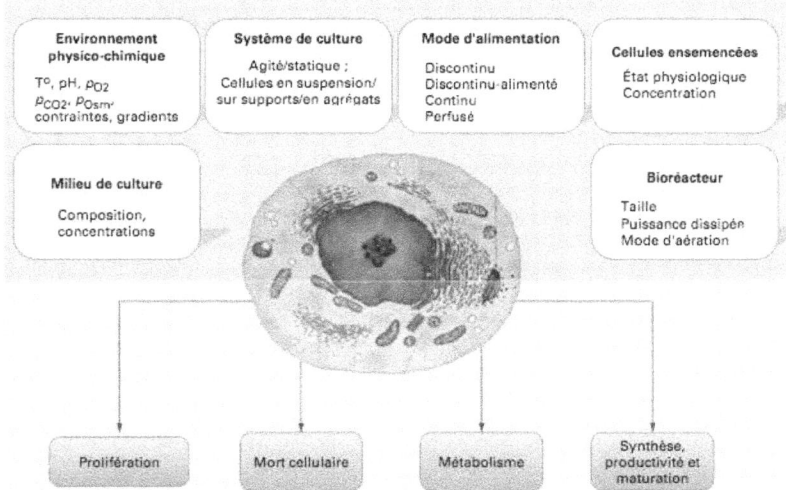

Figure 1 Facteurs du procédé de culture susceptibles d'influencer le comportement des cellules animales[2].

Enfin des critères d'extrapolation sont choisis en fonction de l'importance relative des paramètres de la culture à petite échelle. Ils seront utilisés pour réaliser le transfert à l'échelle de production industrielle.

Cette thèse présente de façon exhaustive les phénomènes à prendre en compte pour réaliser un procédé industriel à partir d'un procédé de culture de cellules animales à petite échelle. Le choix de la cellule animale et l'ensemble des d'analyses de la qualité du produit ne sont pas discutés.

A travers cette thèse, l'importance de la diversité des compétences requises pour effectuer le transfert d'une culture de cellules animales d'une petite échelle à une échelle industrielle sera soulignée.

Culture de cellules animales

I. Enjeux

En 1982, l'insuline humaine, développée par Genentech et produite par Eli Lilly & Co, a été la première protéine recombinante à obtenir une autorisation de mise sur le marché (AMM) pour un usage thérapeutique, AMM délivrée par l'agence fédérale américaine des produits alimentaires et médicaux (FDA) et l'agence européenne du médicament (EMA). L'insuline recombinante humaine a remplacé celle extraite à partir de tissus animaux, aSméliorant ainsi la sécurité sanitaire. Depuis, le développement rapide des connaissances et techniques a considérablement fait évoluer l'industrie pharmaceutique vers la biotechnologie[3]. Le secteur biopharmaceutique représente une proportion importante et croissante du marché pharmaceutique global. En 2007, les ventes de tous les produits biologiques se chiffraient à 94 milliards de dollars et ont représenté le segment le plus dynamique de l'industrie pharmaceutique [4]. Actuellement, 907 molécules thérapeutiques issues de la biotechnologie sont en phase de développement aux Etats-Unis[5]. Aujourd'hui, les médicaments issus des biotechnologies (Tableau 1) génèrent un chiffre d'affaire annuel de l'ordre de 140 milliards de dollars[6].

Tableau 1 Entreprises et médicaments ayant généré le chiffre d'affaire le plus important en 2011[6]

	CA (Mds$)	Part de marché (%)		CA (Mds$)	Part de marché (%)
Roche	21,4	15,5	Enbrel	6,2	4,5
Amgen	14,8	10,7	Remicade	6,0	4,4
Sanofi-Aventis	11,5	8,3	Humira	6,0	4,3
Novo Nordisk	8,8	6,4	Avastin	5,5	4,0
Abbott	7,4	5,4	Mabthera	5,0	3,6
J&J	6,7	4,8	Lantus	4,7	3,4
Merck & Co	6,6	4,8	Lovenox	4,3	3,1
Pfizer	6,2	4,5	Herceptin	4,2	3,0
Lilly	5,9	4,3	Neulasta	3,8	2,8
Novartis	5,6	3,9	Epogen	3,3	2,4
Top 10	94,9	68,6	Top 10	49,0	35,4

Ces médicaments sont principalement des protéines recombinantes impliquées dans les traitements du cancer, du diabète, du retard de croissance, de l'hémophilie, des hépatites et autres maladies auto-immunes. La majorité de ces médicaments est destinée à un usage thérapeutique, seule une faible proportion de ceux-ci est utilisée pour le diagnostic[7]. Actuellement, la majorité des protéines recombinantes pharmaceutiques sont produites dans des cellules animales dont 60 à 70% dans les cellules de mammifères[8]. L'un des principaux avantages des cellules animales réside dans leur capacité à réaliser les modifications post-traductionnelles, dont la glycosylation, au cours de la synthèse de protéines recombinantes. L'état de glycosylation est important pour de nombreuses propriétés de la protéine: pharmacocinétique, bioactivité, sécrétion, solubilité, antigénicité...

La maîtrise des cultures de cellules animales pour produire des substances bioactives constitue un enjeu thérapeutique majeur qui génère des revenus importants.

II.Cellules

II.1. Cellules primaires

Il faut remonter à la moitié du dernier siècle pour observer les premières applications industrielles des procédés de culture de cellules animales. Celles-ci concernaient principalement la production de vaccin[9]. Alors que les vaccins étaient principalement produits à l'aide d'œufs de poule embryonnés, les méthodes alternatives utilisant des cellules se sont rapidement imposées. Les premiers travaux portaient sur des cultures primaires, dans lesquelles les cellules provenant directement de la digestion de tissus conservent leurs propriétés de différenciation proches de l'organe d'origine[10]. Mais, leur préparation fastidieuse, leur durée de vie limitée, leur sensibilité aux contraintes en bioréacteurs, les risques de contaminations virales et les problèmes de reproductibilité lot-à-lot, en font des outils inadéquats à l'échelle industrielle[2]. Des souches cellulaires humaines diploïdes ont alors été préférées pour la production industrielle de nombreux vaccins antiviraux[11]. Développées au cours des années 1960, les souches WI-38 et MRC-5, issues de cellules pulmonaires de fœtus humains, en sont des exemples représentatifs[12,13]. Leur utilisation à grande échelle reste un défi du fait de leur faible productivité et de leur sénescence après quelques semaines de propagation *in vitro*[2].

II.2. Cellules continues

Les cellules issues de lignées continues (Tableau 2) possèdent en théorie une capacité illimitée d'effectuer des divisions. L'utilisation des lignées continues a permis des progrès important dans les procédés de culture en bioréacteur[2].

Tableau 2 Lignées cellulaires les plus utilisés dans les procédés industriels[2]

Cellules	Origine	Applications
Vero	Cellules épithéliales de rein de singe vert	Vaccin viraux humains et vétérinaires
ST	Cellules épithéliales de testicules de porc	Vaccin viraux vétérinaires
MDCK	Cellules épithéliales de rein de chien	Vaccin viraux vétérinaires
CHO	Cellules d'ovaire de hamster chinois	Protéines recombinantes
BHK	Cellules de rein de bébé hamster	Facteur VIII
HEK293	Cellules épithéliales de rein humain transformées	Adénovirus
PER.C6	Cellules de rétine humaine	Protéines recombinantes
NS0	Cellules de myélome de souris	Protéines recombinantes
Hybridomes	Cellules hybrides murines	Anticorps monoclonaux
Sf9 High-5	Cellules d'insectes	Protéines recombinantes

En effet, en 1975 Georges Köhler et César Milstein ont mis au point une technique de production d'anticorps monoclonaux à partir des cellules d'hybridomes issues de la fusion entre des lymphocytes de rongeurs et de myélome[14]. En 1984, ces scientifiques reçurent le prix Nobel de médecine pour cette découverte dont les anticorps produits sont aujourd'hui utilisés majoritairement pour des usages diagnostics.

Les lignées continues sont généralement, soit des cellules cancéreuses prélevées chez un patient, soit des cellules ayant subi une mutation dans des gènes impliqués dans le cycle cellulaire, soit des cellules transformées par un oncogène[15]. L'utilisation de ces cellules dans le but de produire des substances thérapeutiques a été progressivement acceptée dans les années 1980. Cette utilisation est régie par les exigences et réglementations de l'OMS[16]. Par exemple, les cellules Vero, issues de rein de singe vert, sont largement cultivées à grande échelle pour produire de nombreux vaccins humains et vétérinaires[15]. Hormis les cellules de mammifères, les cellules d'insectes, infectées par un baculovirus porteur du gène codant pour la protéine d'intérêt, constituent aussi des outils attractifs pour la production de protéines[17].

II.3. Adhérence des cellules

De nombreuses lignées cellulaires ont été générées à partir de cellules extraites de tissus dans lesquels les cellules sont au contact les unes des autres, chacune constituant un support pour ses voisines. En culture *in vitro* également, ces lignées ont naturellement besoin d'adhérer à un support pour se développer, celui-ci pouvant être la paroi du flacon de culture (culture statique), ou encore la surface de petites billes spécialement ajoutées à cet effet (porteurs) ou même d'autres cellules (agrégats). A grande échelle, la culture de cellules adhérentes présente deux inconvénients majeurs: la limitation d'espace disponible pour la propagation cellulaire à la surface de ces systèmes, et l'apparition de limitations diffusionnelles dans les agrégats[18]. Les cellules cultivées sur porteur sont plus sensibles aux fortes contraintes hydrodynamiques, ce qui limite leur volume de culture[19].

III.   Milieux de culture

Les tous premiers milieux de culture n'étaient constitués que de fluides biologiques. Il s'est très vite avéré nécessaire de proposer des formulations mieux contrôlées et basées sur les composés essentielles à la croissance des cellules. De plus, des problèmes d'approvisionnement sont susceptibles de se produire pour de grands volumes de production. On retrouve ainsi deux grandes catégories de milieux de culture, selon qu'ils contiennent ou non des séra animaux. L'utilisation de milieux sans sérum se généralise pour la plupart des procédés qui sont en cours de développement ou qui ont été récemment implantés. Par contre, il existe certains procédés qui utilisent encore du sérum en raison de leur validation ancienne, de la mise en œuvre de cellules plus exigeantes, ou encore de l'usage diagnostic des produits générés[2]. Généralement, la substitution du sérum s'accompagne d'une perte de productivité. La recherche actuelle s'oriente vers le développement de milieu sans sérum capable de rattraper cette perte en productivité[20].

III.1.   Milieux de culture avec sérum animal

Les milieux de culture avec sérum sont constitués d'un milieu de base complété par un sérum animal, tel que le sérum de veau fœtal, ajouté à hauteur de 5 à 20% v/v[18].

III.1.1   Milieux de base

Les milieux de base (MEM, DMEM, RPMI-1640, Ham's F12...) se composent d'un mélange complexe d'éléments nutritifs nécessaires à la biosynthèse cellulaire (sels, acides aminés, vitamines, glucides) dans des concentrations définies[21,22,23,24] (Tableaux 3 et 4). De nombreuses variantes sont adaptées à diverses lignées cellulaires. Ces milieux de base, disponibles en poudre ou sous forme liquides, sont parfois utilisés en combinaison. Leur préparation requiert l'utilisation d'une eau extrêmement pure, obtenue par osmose inverse, filtration et désionisation. Des antibiotiques (pénicilline, streptomycine, amphotéricine) sont parfois ajoutés, mais leur emploi prolongé n'est pas recommandé car ils peuvent masquer des contaminations latentes ou provoquer la sélection de contaminants résistants[2] et des contrôles supplémentaires sont nécessaires pour démontrer leur élimination du produit final.

Tableau 3 Composition non exhaustive de milieux de culture de base avant supplémentation par le sérum de veau fœtal (concentrations exprimées en mg.L^{-1}) [2,21,22,23,24]

Composés	Milieux de base			
	MEM	DMEM	RPMI-1640	Ham's F12
Sels inorganiques				
Chlorure de calcium, $2H_2O$	200	265		44,1
Nitrate de calcium, $4H_2O$			100	
Chlorure de magnésium, $6H_2O$				123
Sulfate de magnésium	97,67	97,67	48,84	
Chlorure de potassium	400	400	400	224
Bicarbonate de sodium		3700	2000	1176
Chlorure de sodium	6800	6400	6000	7599
Phosphate de sodium dibasique	122		800	142,04
Phosphate de sodium monobasique		109		
Sulfate de cuivre, $7H_2O$				0,0025
Sulfate ferreux, $7H_2O$				0,834
Nitrate de fer, $9H_2O$		0,1		
Sulfate de zinc				0,863
Acides aminés				
L-Alanine	25			9
L-Arginine, HCl	126	840	200	211
L-Asparagine, H_2O	50		50	15,01
L-Acide aspartique	30		20	13,3
L-Cystine, 2HCl	31,3		65,2	
L-Cystéine, HCl, H_2O	10	62,6		35
L-Acide glutamique	75		20	14,7
L-Glutamine	292	584	300	146
Glycine	50	30	10	7,51
L-Histidine, 3HCl, H_2O	42	42	15	20,96
L-Isoleucine	52	105	50	3,94
L-Leucine	52	105	50	13,1
L-Lysine, HCl	72,5	1460	40	36,5
L-Méthionine	15	30	15	4,48
L-Phénylalanine	32	66	15	4,96
L-Proline	40		20	34,5
Hydroxy-L-Proline			20	
L-Sérine	25	42	30	10,5
L-Thréonine	48	95	20	11,9
L-Tryptophane	10	16	5	2,04
L-Tyrosine, 2Na, $2H_2O$	51,9	103,79	28,83	7,78
L-Valine	46	94	20	11,7

Tableau 4 Composition non exhaustive de milieux de culture de base avant supplémentation par le sérum de veau fœtal (concentrations exprimées en mg.L^{-1}) (suite) [2,21,22,23,24]

Composés	Milieux de base			
	MEM	DMEM	RPMI-1640	Ham's F12
Vitamines				
Acide p-aminobenzoïque			1	
Acide folique	1	4	1	1,32
D-Acide Pantothénique		4	0,25	0,48
D-Biotine	0,1		0,2	0,0073
Chlorure de choline	1	4	3	13,96
L-Acide ascorbic, Na	50			
Myo-Inositol	2	7,2	35	18
Niacinamide	1	4	1	0,037
Pyridoxine, HCl	1	4	1	0,062
Riboflavine	0,1	0,4	0,2	0,038
Thiamine, HCl	1	4	1	0,34
Vitamine B12	1,36		0,005	1,36
Autres				
Acide alpha-lipoïque				0,21
Acide linoléique				0,084
Acide pyruvique, Na		110		110
Adénosine	10			
D-Glucose	1000	4500	2000	1802
Glutathion			1	
Guanosine	10			
Hypoxanthine				4,08
Rouge de phénol, Na		15,9	5,3	1,3
Putrescine, HCl				0,161
Thymidine	10			0,73

III.1.2 Sérum de veau fœtal

Le sérum de veau fœtal contient, de nombreuses substances requises pour la prolifération cellulaire, telles que des facteurs de croissance, des hormones (insuline), des facteurs d'adhérence (fibronectine)[2,18], des traces de métaux ainsi que des protéines de transport du fer ou des lipides (albumine, transferrine). De plus, il possède un effet protecteur contre le cisaillement* et contient des inhibiteurs de protéases, essentiels pour la qualité des protéines produites[25]. Il sert également d'inhibiteur de trypsine dans le cas des cellules adhérentes[26]. En dépit de ces avantages, l'utilisation du sérum de veau fœtal est rendue problématique du fait de sa variabilité entre les lots, de la

---

* Le cisaillement est une contrainte tangentielle appliquée sur la surface des cellules.

demande croissante du marché et d'une charge élevée en protéines qui complique les étapes de purification de la protéine d'intérêt[27,28]. Enfin, les risques de contamination par les virus animaux ou par des agents transmissibles non conventionnels, comme le prion, sont redoutés. Toutes ces raisons ont conduit au développement de milieux de culture sans sérum[2].

III.2.   Milieux de culture sans sérum animal

Pour pallier aux problèmes liés à l'utilisation de sérum de veau fœtal, des efforts ont été réalisés pour le remplacer par divers substituts[2]. Il s'agit donc de faire proliférer les cellules dans des milieux sans sérum en remplaçant ou non celui-ci par d'autres composés d'origine non animale (extraits de levures, protéines recombinantes, hydrolysats de protéines végétales). L'objectif ici est d'obtenir des résultats comparables, voire améliorés par rapport à ceux jusqu'alors connus[29]. Pour cela une connaissance précise des composés du sérum et de leurs effets sur la cellule a été nécessaire[15,30].

L'utilisation de milieu sans sérum a été initiée dans les années 1970 à 1980, et les études sont suffisamment avancées à l'heure actuelle pour que de nombreuses lignées cellulaires, telles que les lignées industrielles CHO ou les lignées d'hybridomes, soient adaptées et cultivées en routine dans des milieux sans sérum[15,29]. En revanche, les cellules adhérentes, qui ont des besoins plus importants, notamment pour les mécanismes d'adhésion, sont beaucoup moins faciles à adapter à une culture sans sérum[15,28,31].

Depuis les années 90, certaines lignées adhérentes ont été adaptées à la culture en milieu sans sérum[32] et de nombreuses études ont permis de définir de nouveaux agents, notamment impliqués dans la prolifération, l'adhésion et la protection des cellules adhérentes[15,28,33,34]. Il faut cependant noter que les milieux sans sérum développés à ce jour sont souvent spécifiques d'une lignée cellulaire[15].

Différentes formulations de milieux sans sérum ont été développées, parmi lesquelles on distingue les appellations suivantes[35]:

- milieu sans sérum
- milieu sans composés d'origine animale
- milieu sans protéines
- milieu de composition chimiquement définie

III.2.1   Milieu sans sérum

Les milieux de culture sans sérum sont des milieux de base, précédemment cités (II.1.1), enrichis avec diverses molécules, le plus souvent extraites de tissus animaux, pour se rapprocher de l'action du sérum de veau fœtal. Les composés les plus courants sont : des protéines de transport (albumine, lipoprotéines, transferrine), des lipides et précurseurs de lipides (cholestérol, acide oléique, éthanolamine), des facteurs de croissance et des hormones (FGF, EGF, IGF-1, insuline, interleukine-6, etc.), des facteurs d'attachement (fibronectine, fétuine, laminine), des inhibiteurs de protéases (aprotinine), et d'autres molécules variées (biotine, glutathion, sélénium, etc.). Des substituts indéfinis d'origine animale (peptones, lactalbumine, caséine, fractions plasmatiques) peuvent être ajoutés. De nombreux milieux sans sérum adaptés à différentes lignées cellulaires sont ainsi commercialisés[2].

III.2.2   Milieu sans composés d'origine animale

Au début des années 1990, pour répondre aux exigences accrues de sécurité, liées en particulier à la contamination par le prion, les organismes réglementaires ont incité les sociétés industrielles à développer des milieux n'utilisant aucune source animale[2]. Deux alternatives ont été mises en œuvre conjointement. La première a consisté à utiliser des molécules recombinantes produites par fermentation bactérienne, comme l'insuline ou certains facteurs de croissance. La seconde a proposé l'ajout d'hydrolysats, tels que des hydrolysats de levures et des hydrolysats enzymatiques de protéines végétales d'origine variée (soja, blé, colza)[2,36,37]. Cette dernière alternative a été largement étudiée ces dix dernières années. Les résultats   ont démontré l'effet positif de ces hydrolysats[38,39], fractionnés ou non, sur les performances des procédés, même si les mécanismes d'action des peptides restent à élucider. Tout comme pour le sérum de veau fœtal, un des défauts des hydrolysats réside dans l'impossibilité de contrôler précisément leur composition en peptides, celle-ci étant largement influencée par le procédé d'hydrolyse (enzyme, durée, etc.) et par la source végétale[40]. Par exemple, le blé est plus riche en glutamine et glutamate, tandis que le soja contient davantage de tyrosine, phénylalanine et histidine.

III.2.3 Milieu sans protéines

Des milieux de culture complètement exempts de protéines ont été développés pour faciliter les étapes de purification des protéines produites. Dans ces conditions, la présence d'hydrolysats protéiques peut s'avérer indispensable pour compenser le déficit en protéines telles que l'albumine et la transferrine. Le sulfate de fer et le citrate ferrique peuvent aussi remplacer avantageusement la transferrine[2].

III.2.4 Milieu de composition chimiquement définie

Plus récemment, des milieux chimiquement définis sont apparus sur le marché. Ces milieux ont une composition clairement détaillée, tous les constituants sont identifiés et leur concentration exacte est connue. Ils sont donc particulièrement adaptés à des études physiologiques approfondies ou à la compréhension des effets synergiques entre éléments nutritifs[41].

IV. Croissance cellulaire en réacteur

Il est essentiel de mieux comprendre les interactions entre les cellules et leur environnement, pour pouvoir optimiser les procédés de culture de cellules animales. En effet, l'environnement a un impact sur le comportement de la cellule, il peut modifier sa vitesse de prolifération, sa morphologie, son métabolisme, sa capacité de production ainsi que la qualité de la protéine produite.

La concentration en cellules viables résulte de deux mécanismes opposés que sont la croissance et la mort cellulaires. On observe que les conditions qui ralentissent la croissance accélèrent la mort cellulaire: épuisement en nutriment, température non optimale, contraintes hydrodynamiques[2]... La concentration en molécule d'intérêt récoltée dépend des mécanismes de production et de dégradation. La physiologie des cellules, leur capacité de synthèse et de sécrétion sont liées au milieu de culture. Il arrive souvent qu'un compromis doive être trouvé entre les conditions opératoires favorisant la croissance cellulaire et celles favorisant l'obtention du produit d'intérêt, car elles peuvent s'avérer opposées[2].

IV.1. Métabolisme énergétique

Le métabolisme énergétique de la cellule, assimilé au métabolisme carboné central, comprend la glycolyse, le cycle des acides tricarboxyliques, la chaîne respiratoire et la glutaminolyse. Le glucose et la glutamine sont les principales sources d'énergie des cellules animales et permettent également d'alimenter la cellule en divers précurseurs métaboliques essentiels[2].

IV.1.1 Glucose

Le glucose constitue la principale source de carbone et d'énergie apportée aux cellules. Sa concentration physiologique sérique chez l'homme est de 5 mmol.L^{-1}. Généralement, dans les milieux de culture, il est présent à des concentrations comprises entre 5 et 25 mmol.L^{-1}. On peut retrouver des concentrations en glucose plus importantes notamment dans la culture de cellule CHO. Sa vitesse spécifique de consommation, de l'ordre de 0,1 à 0,5 mmole. 10^{-9} cellules. h^{-1}, augmente avec la concentration de glucose dans le milieu. En fonction des concentrations de glucose utilisées, le rendement de lactate (§IV.1.3) produit par glucose consommé peut varier de 1 à 1,5 mole. mole^{-1}, sa valeur théorique maximale étant de 2. Une limitation en oxygène favorise une augmentation de ce rendement. Afin de limiter la production de lactate, le glucose peut être associé ou substitué par d'autres glucides métabolisés plus lentement, comme le maltose[42], le fructose[43,44] ou le galactose[45,46].

IV.1.2   Acides aminés

IV.1.2.1.   Glutamine

La glutamine est la deuxième source de carbone du milieu de culture, c'est un acide aminé important pour la croissance cellulaire et qui intervient en tant que précurseur pour la synthèse des nucléotides, des acides nucléiques et des acides aminés[47]. La concentration en glutamine dans les milieux de culture est comprise entre 0,5 et 5 mmol. L^{-1}, soit une concentration généralement 10 à 100 fois plus élevée que celle des autres acides aminés[18]. La glutamine sert également de composant régulateur lors de la réplication de l'ADN[48,49]. Il est important que le milieu de culture contienne de la glutamine, car les cellules animales sont soit dépourvues de glutamine synthétase (hybridomes et myélomes), ou soit possèdent une activité insuffisante (cellules CHO et BHK) pour synthétiser la glutamine à partir d'ions ammonium et de glutamate[50]. Dans la plupart des lignées cellulaires continues, la glutaminolyse présente une forte dérégulation avec une consommation d'autant plus rapide que sa concentration dans le milieu est élevée (de l'ordre de 0,3 à 3 mmole.10^{-9}cellules.h^{-1}). Son métabolisme est accompagné de l'accumulation d'ions ammonium potentiellement toxiques pour les cellules[2]. Le rendement d'ions ammonium produits par glutamine consommée est le plus souvent proche de 1 mole. mole^{-1}. Pour limiter l'accumulation d'ions ammonium, la glutamine peut alors être substituée par d'autres acides aminés comme l'asparagine ou le glutamate, par des intermédiaires tels que le pyruvate, ou encore, par des dipeptides tels que l'alanine-glutamine (Glutamax®)[2].

IV.1.2.2.   Autres acides aminés

Les acides aminés sont les principaux pourvoyeurs d'azote, et sont impliqués dans la biosynthèse des protéines et des nucléotides chez les mammifères. Neuf acides aminés, normalement non synthétisés *in vivo*, sont dits essentiels pour les cultures de cellules animales. Il s'agit de l'histidine, l'isoleucine, la leucine, la lysine, la méthionine, la phénylalanine, la thréonine, le tryptophane, la tyrosine et la valine. Tous les acides aminés sont généralement présents, leur concentration varie en fonction du milieu de culture considéré. Alors que la plupart des acides aminés sont consommés par les cellules en cours de culture, certains d'entre eux, comme l'acide glutamique et l'alanine, sont produits et s'accumulent dans le milieu. Leurs vitesses de consommation sont très variables d'un acide aminé à l'autre, en fonction de la composition initiale du milieu de culture et selon la lignée cellulaire. Le métabolisme des peptides issus d'hydrolysats protéiques peut lever certaines limitations en acides aminés tout en ralentissant l'accumulation d'ions ammonium.

IV.1.3   Lactate et ions ammonium

Le lactate et les ions ammonium sont les deux coproduits principaux du métabolisme carboné central. Leur accumulation dans le milieu de culture à des niveaux trop élevés peut induire l'inhibition de la croissance cellulaire ou l'accélération de la mort cellulaire. De plus, le lactate participe à l'acidification du milieu et à l'augmentation de son osmolarité. Les concentrations maximales généralement considérées comme acceptables sont de l'ordre de 20 mmol.L^{-1} pour le lactate et 2 mmol.L^{-1} pour les ions ammonium. Au-delà, des stratégies peuvent être mises en place pour réduire les effets inhibiteurs, comme une alimentation progressive en glucose et glutamine, leur substitution par des substrats métabolisés plus lentement ou une action directe sur les voies métaboliques intracellulaires[2].

IV.1.4   Nucléotides

Les nucléotides sont des molécules essentielles pour le métabolisme cellulaire. En effet, les nucléotides mono-, di-, et tri-phosphates participent au maintien du métabolisme énergétique[18]. Ce sont également des précurseurs des nucléotides sucres, tels que l'UDP-Glc et l'UDP-Gal. Outre leur rôle dans diverses voies métaboliques, les nucléotides sucres sont des molécules indispensables au bon déroulement du processus de glycosylation, car ce sont des substrats donneurs de résidus glucidiques dans les réactions enzymatiques se déroulant dans le réticulum endoplasmique et l'appareil de Golgi. Enfin, les ribonucléotides et les désoxyribonucléotides participent à la synthèse de l'ARN et l'ADN[18].

IV.1.5   Lipides

Les lipides sont des éléments constitutifs des membranes cellulaires. Le cholestérol et les acides gras sont les composants lipidiques principaux des milieux de culture[51]. Dans le cas de milieux sans sérum, il est indispensable de les ajouter pour assurer la croissance cellulaire[52]. Certains acides gras essentiels, comme l'acide linoléique, ont un effet stimulateur sur la croissance cellulaire[53]. Dans les milieux sans sérum utilisés pour la culture de cellules de mammifères, la concentration en lipides est comprise entre 10 et 100 µg/L. Elle est de l'ordre de 1000 µg/L pour la culture de cellules d'insectes[54]. La supplémentation en acide linoléique des milieux sans sérum est considérée comme essentielle pour améliorer la résistance des cellules aux contraintes hydrodynamiques des cultures agitées[55]. Certains acides gras améliorent la réplication du virus de l'hépatite C dans une culture de cellule d'hépatome[56]. Les lipides sont peu solubles dans les milieux de culture. Certaines lignées cellulaires, telle que CHO, synthétisent elles-mêmes leur lipides, d'autres lignées en sont incapables de les synthétiser. Les cellules NS0 ne synthétisent pas de cholestérol et ne peuvent croître sans apport exogène de cholestérol[57]. L'effet de la supplémentation en lipides dépend de la cellule en culture.

IV.1.6   Vitamines et cofacteurs

Les vitamines sont des molécules organiques requises en faible quantité, qui ne peuvent pas être synthétisées et doivent donc entrer dans la composition du milieu de culture. Ce sont surtout des vitamines hydrosolubles : l'acide nicotinique (niacine) et le nicotinamide (vitamine PP), la thiamine (vitamine B1), la riboflavine (vitamine B2), l'acide pantothénique, la pyridoxine (vitamine

B6), la biotine (vitamine H), la cobalamine (vitamine B12), l'acide folique et l'acide ascorbique (vitamine C). Ces vitamines interviennent en tant que coenzymes ou dans la composition des coenzymes. La vitamine C est également une substance antioxydante[18]. Certains auteurs ont montré que les concentrations de certaines vitamines dans les milieux classiques pouvaient être insuffisantes et conduire à la limitation de la croissance cellulaire[58]. De plus, la concentration d'une vitamine dans un milieu de culture est susceptible de modifier la vitesse de croissance cellulaire ainsi que la productivité[59].

IV.1.7 Eléments minéraux

En fonction de leur nature, les ions inorganiques peuvent intervenir dans le maintien du pH et l'osmolarité du milieu, le transport de molécules à travers les membranes et comme cofacteurs enzymatiques. Ces ions sont notamment le calcium, le magnésium, le phosphate, le potassium et le sodium. Les ions métalliques (Fer, Magnésium, Cuivre, Zinc...) sont apportés à l'état de traces par le milieu de culture, car ils sont essentiels à la croissance cellulaire, participent au site actif de certaines enzymes et interviennent dans les réactions de la chaîne respiratoire[18]. En exemple, un milieu de culture carencé en fer, induit la diminution l'expression de plusieurs protéines du complexe I de la chaîne respiratoire[60].

IV.1.8 Oxygène

L'oxygène dissous (O_2) est un élément primordial pour la croissance des cellules animales. En effet sa consommation spécifique est généralement comprise entre 0,05 et 0,5 mmol de O_2. $h^{-1}.10^{-9}$ cellules[61]. En bioréacteur, la surface de contact entre l'air et le ciel est trop faible pour assurer des échanges suffisants à l'interface air-liquide[2]. C'est pourquoi, l'oxygène est apporté directement par bullage dans le milieu de culture. Cet apport d'oxygène peut être complémentaire d'une aération par diffusion à la surface du milieu. La concentration en oxygène dissous est généralement contrôlée entre 25 et 50 % de la saturation en air à l'aide d'une électrode ampérométrique de Clark[2]. Lorsque les pressions partielles en oxygène P_{O_2} sont faibles, la respiration cellulaire peut être compromise. Si la P_{O_2} est trop élevée, les cellules en état de stress oxydant produisent des espèces oxygénées hyper-réactives et toxiques pour les cellules, et un effet négatif a parfois été rapporté sur la qualité de glycosylation de la protéine produite[2].

IV.1.9   Dioxyde de carbone

Le dioxyde de carbone (CO_2) est un coproduit majeur du métabolisme cellulaire. Alors que dans les systèmes de petit volume il est rapidement éliminé à l'interface gaz-liquide, dans les réacteurs de plus gros volume il peut s'accumuler à des niveaux proches de 200 mm Hg, éloignés des valeurs physiologiques de l'ordre de 50 à 70 mmHg à 37 °C. Ces niveaux élevés induisent une inhibition de la croissance cellulaire, et parfois, une réduction de la production de la protéine d'intérêt, avec modification de sa qualité de glycosylation. Ce phénomène n'étant observable qu'à grande échelle, peu de données quantitatives sont disponibles dans la littérature. La mesure en ligne du CO_2 est assurée à l'aide de capteurs basés sur une combinaison, soit entre une membrane perméable au gaz et une électrode pH, soit entre un colorant sensible au pH et une fibre optique[2].

IV.2.   Paramètres physico-chimiques

Les paramètres physico-chimiques tels que la température, le pH, et l'osmolarité, peuvent affecter la survie des cellules cultivées, leur capacité à réaliser des modifications post-traductionnelles. C'est pourquoi, il est nécessaire d'avoir une bonne connaissance de ces effets au cours d'une culture donnée, et de contrôler la qualité du produit à chaque étape de développement du procédé de production.

IV.2.1 Température

La température optimale de croissance est de 37 °C pour les cellules de mammifères et de 27 °C pour les cellules d'insectes. Ce paramètre doit être rigoureusement contrôlé dans le bioréacteur (avec un écart de 0,5 °C)[2,62]. Cependant, il a été observé qu'une diminution modérée de la température (entre 30 et 35 °C), bien qu'elle provoque un ralentissement de la croissance cellulaire[63], permet de prolonger la viabilité des cellules, et surtout de stimuler de façon non négligeable la vitesse spécifique de production de la molécule d'intérêt. Cet effet intéressant peut être utilisé pour mettre en place une stratégie de conduite du procédé en deux phases. La première phase de croissance cellulaire à 37 °C conduit alors à une concentration cellulaire maximale, tandis que la seconde phase permet, par une diminution brutale de la température, de stimuler la production[2].

A des températures trop éloignées de la température optimale de croissance, les cellules génèrent des protéines de choc thermique dont le rôle est d'adapter la cellule à une élévation ou diminution de température[64]. Certaines protéines de choc thermique sont excrétées dans le milieu réactionnel[65], rendant ainsi les étapes de séparation successives plus difficiles. Ces protéines de choc thermique sont aussi reliées à des mécanismes cellulaires de régulation qui impacte directement la production de protéine, le cycle cellulaire...

IV.2.2   pH

Les cellules animales ne tolèrent que de faibles variations de pH et doivent ainsi être cultivées dans un milieu dont le pH reste compris entre 6,5 et 7,8 selon les cellules, la valeur optimale se situant généralement autour de 7,3 [2,18]. Le milieu de culture est tamponné par du bicarbonate de sodium. Un écart à la valeur optimale, même de l'ordre de 0,1 unité, provoque le ralentissement de la croissance, l'accélération de la mort et la modification du métabolisme[2]. Le lactate produit par le métabolisme des cellules provoque l'acidification du milieu. Par ailleurs, à pH trop élevé, le métabolisme cellulaire évolue avec une élévation du rendement lactate produit par rapport au glucose consommé[2]. La production spécifique de protéine recombinante peut être améliorée à pH plus faible, tandis qu'une variation de pH peut induire différentes glycoformes de la protéine[2].

IV.2.3   Osmolalité

L'osmolalité optimale pour la culture de cellules animale est de l'ordre de 300 mOsm. kg^{-1}, celle-ci est maintenue par la présence de sels dans le milieu[66]. Cependant, l'ajout   ponctuel   de solutions nutritives concentrées ou de base pour contrôler le pH est susceptible d'augmenter cette osmolalité. En cas d'hyperosmolalité (jusqu'à 400 mOsm. kg^{-1}), un ralentissement de la vitesse spécifique de croissance cellulaire est observé[67], alors que la vitesse spécifique de production est généralement augmentée[68]. Comme pour la température, cet effet antagoniste peut être utilisé pour une conduite du procédé en deux phases, l'une pour la croissance cellulaire à osmolalité normale, suivie d'une phase de production stimulée par une augmentation artificielle de l'osmolalité du milieu en fin de culture[2].

Il est donc indispensable de connaître les besoins nutritifs et énergétiques de la cellule et de contrôler les paramètres physico-chimiques pour réaliser la culture de cellules animales dans les conditions optimales. De nombreuses stratégies de production font intervenir une culture cellulaire composée d'une phase de croissance cellulaire et d'une phase de production stimulée.

Les procédés de culture cellulaire font intervenir des technologies qui doivent assurer l'homogénéité du mélange, maintenir la température et le pH dans des gammes optimales et garantir un niveau d'oxygène suffisant pour la croissance cellulaire tout en préservant l'intégrité des cellules. En plus de la composition du milieu et des facteurs physico-chimiques, des paramètres opératoires, tel que le mode d'alimentation en substrats, doivent être pris en compte. Par conséquent, en plus des compétences en biologie, des compétences en ingénierie des procédés sont requises pour la mise en place d'un procédé de culture de cellules animales.

Ingénierie et culture cellulaire

I. Systèmes de culture

Les bioréacteurs permettent de cultiver les cellules dans un environnement contrôlé en température, pH, en oxygène dissous. Il existe une large gamme d'échelle de bioréacteurs pouvant aller de 1 mL à 25000 L. Les systèmes à petite échelle sont utilisés pour le développement et l'optimisation des procédés[69,70]. Par contre, les volumes des bioréacteurs utilisés pour la production industrielle de protéines recombinantes se situent généralement entre 2000 et 25000 L[71]. Entre ces deux échelles, des bioréacteurs pilotes sont utilisés pour la montée en échelle du procédé, la propagation des cellules et la fabrication de doses pour effectuer des études cliniques. Les rendements de production industrielle en protéines recombinantes sont de l'ordre de 1 à 5 grammes par litre de culture, mais certaines entreprises atteignent des concentrations entre 10 à 13 g/L[3,72]. Déterminer des conditions permettant, à la fois, un transfert de matière suffisant, et des contraintes hydrodynamiques non délétères pour les cellules constitue une des difficultés majeures d'un système de production à grande échelle[73].

I.1. Technologies de bioréacteur agité

Etant donné l'importance des volumes des réacteurs utilisés industriellement (entre 5 et 25 m³) il est nécessaire de tenir compte des aspects liés au mélange et à l'hydrodynamique[9,74,75]. Deux types de technologies de réacteurs agités sont couramment utilisées pour réaliser des cultures de cellules animales: le réacteur parfaitement agité et le réacteur de type « air lift » dans lequel l'agitation est réalisée par un flux montant de bulles d'air. Grâce à l'utilisation de microporteurs, conventionnels ou macroporeux, les cellules adhérentes peuvent également être cultivées dans ces systèmes.

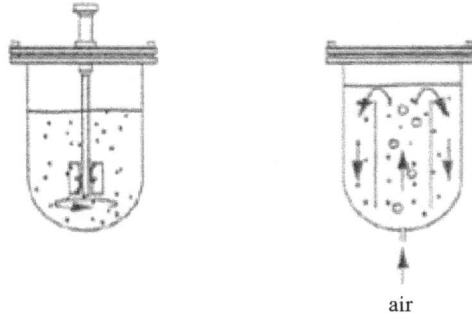

air

Figure 2 Technologies de bioréacteurs de culture de cellules animales: la cuve (à gauche), le réacteur air lift (à droite)[18].

I.1.1 Cuve agitée

Au niveau industriel, les cuves agitées en inox avec un axe rotatif, utilisées depuis les années 60 pour la culture de cellules en suspension, restent très largement répandues[76,77]. Leur relative homogénéité facilite le suivi et le contrôle des différents paramètres opératoires. L'agitation, généralement réalisée grâce à un rotor axial, muni de pales, a pour fonctions principales le maintien des cellules en suspension, la dispersion du gaz et l'homogénéisation du milieu de culture. En fonction du mobile d'agitation utilisé (type, nombre, position sur l'axe), différents écoulements peuvent être générés.

Différents modes d'aération peuvent également être employés. A petite échelle, l'utilisation d'un diffuseur permettant l'injection d'air ou d'oxygène au cœur de la culture est courante mais peut être responsable de dommages cellulaires. Une technique moins endommageante pour les cellules dites « fragiles » consiste en une aération de surface réalisée au balayage du ciel du réacteur avec de l'air ou de l'oxygène. Cependant, cette méthode ne permet pas d'alimenter de manière suffisante des cultures avec des densités cellulaires élevées telles que celles habituellement atteintes lors des cultures industrielles. En plus de l'aération surfacique, l'utilisation d'une canne ou d'un anneau d'aération plongeant dans le milieu de culture et générant de grosses bulles permet de réduire les dommages cellulaires[78].

I.1.2 Air lift

Dans ce type de réacteur, l'agitation et l'aération sont réalisées simultanément à l'aide d'un flux montant de bulles d'air[79] au sein de cuves ayant un faible rapport diamètre/hauteur. Ainsi, tout en induisant des contraintes mécaniques faibles et bien réparties, ce système assure un bon transfert d'oxygène[18]. A l'échelle du laboratoire, ce type de réacteur a été utilisé avec succès pour des cultures en suspension de cellules BHK, de cellules lymphoblastiques humaines, de cellules CHO, d'hybridomes et de cellules d'insectes[18]. Il reste néanmoins beaucoup moins fréquent que le réacteur mécaniquement agité[80]. Bien que ces systèmes permettent un bon rendement de production, ils sont moins adaptés pour la culture à grande échelle[77]. Le terme gazosiphon est aussi utilisé pour décrire ce type de réacteur.

I.1.3 Réacteurs à usage unique

Depuis le début des années 2000, on observe un essor remarquable des bioréacteurs à usage unique pour la culture de cellules à grande échelle. Ainsi, de nombreux fournisseurs proposent désormais des systèmes allant jusqu'à des volumes de plusieurs mètres cubes. Leur principe de base est l'utilisation d'une poche en plastique stérile et à usage unique[81], muni de ports de connexion pour l'alimentation en milieu, les prélèvements, la récolte des produits et la mesure *in situ* des paramètres opératoires. La chambre de culture stérile conçue en matériel polymérique doit être approuvée par la FDA ou l'EMA[82]. Les avantages de ces nouveaux systèmes jetables sont : une utilisation plus facile et une élimination des séquences de stérilisation et de nettoyage. Parmi ces systèmes, on peut différencier les réacteurs à sacs simples (Figure 3) et les réacteurs à sacs couplés à la cuve en inox (Figure 4)[2,18]. Pour les premiers, la poche est placée sur une table d'agitation à mouvements bi- ou tridimensionnel. L'investissement est faible car ces systèmes sont peu onéreux. Pour les seconds, la poche est placée dans une cuve en inox qui assure les connexions vers le moteur d'agitation, l'entrée des fluides et les sorties pour la récolte des produits[83]. Cette poche intègre généralement un agitateur (pendulaire ou excentré) ainsi qu'un distributeur de gaz poreux ou à orifices. Le pilotage du système complet est similaire à celui d'un réacteur « tout inox ». En ce sens, ils représentent une solution très intéressante pour des productions à petite et moyenne échelles. Néanmoins, ils possèdent les désavantages d'être moins faciles à extrapoler que les bioréacteurs standards, de créer une dépendance vis-à-vis des fournisseurs et d'être moins flexibles en termes de modes de culture et de conditions opératoires[2]. Ces systèmes sont également très peu référencés dans la littérature et peu de données quantitatives de transfert de matière sont disponibles. Enfin, la question de l'interaction entre le matériau du sac jetable et les cellules, liée en particulier au relargage potentiel de molécules, reste posée[2] (Tableau 5).

Exemples		Caractéristiques
Bioréacteur (Wave Biotech)		100 mL à 500 L système à bascule générant un mouvement oscillatoire pour assurer le mélange et l'aération
Bioréacteur jetable airlift (CellexusBiosystems)	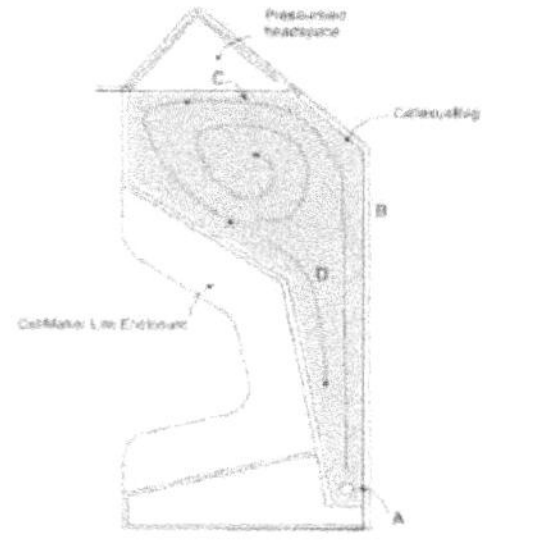	2 à 50 L aération par le diffuseur possibilité d'augmenter les transferts en augmentant la pression en tête du réacteur

Figure 3 Exemples de réacteurs jetables à sacs simples[2].

Exemples		Caractéristiques
Bioréacteur Nucleo-1000[84]	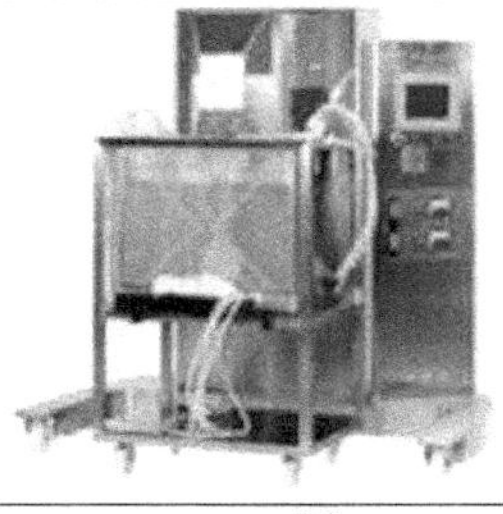	Dimensions: 250 à 1200 L Vitesse d'agitation: 20 à 110 rpm
Bioréacteur XDR 2000[85]		Dimensions: 400 à 2000 L Vitesse d'agitation: 0 à 350 rpm

Figure 4 Exemples de réacteurs jetables à sacs couplés avec une cuve en inox[2].

Tableau 5 Avantages et inconvénients respectifs des technologies à usage unique et « Inox »[2].

Caractéristiques	Usage unique		« Inox »	
	Avantages	Inconvénients	Avantages	Inconvénients
Investissement	Faible	Coût élevé des sacs de grande taille (>1 m³) Dépendance vis-à-vis du fournisseur	Rentabilité attendue à long terme	Important à l'acquisition du matériel
Maintenance	Absence de nettoyage Étapes de validation allégées	-	Expérience des utilisateurs et des fournisseurs	Personnel dédié aux procédures de validation et de nettoyage
Dimensionnement et optimisation	Solutions «clé en main»	Peu de données dans la littérature Systèmes spécifiques et multiplicité de l'offre commerciale	Nombreuses données dans la littérature issues du génie chimique et du génie fermentaire	À réaliser avant validation finale du procédé
Extrapolation	Aisée tant que la technologie à usage unique est conservée	Limitée en taille (2 000 L actuellement)	Nombreuses données disponibles dans la littérature Taille maximale actuellement, ~ 20 m³, en théorie illimitée	-
Transfert de matière	Similaire aux cuves Inox dans les systèmes cuve + sac avec agitateur pendulaire ou orbital	Faible dans les systèmes mélangés sur table orbitale (WAVE) Difficulté de concevoir des agitateurs en plastique fiables à grande échelle	Transfert d'oxygène suffisant pour assurer des cultures à hautes densités cellulaires à toute échelle	-
Transfert de chaleur	-	Faible, il faut parfois utilisé un incubateur pour maintenir la température	Présence d'une enveloppe permettant de réguler la température	-
Nettoyage et stérilisation	Pas de nettoyage	-	-	Nécessite un nettoyage et une stérilisation en place Utilisation d'eau ultrapure
Qualité/Relargage de molécule	Qualité du produit identique	Doute vis-à-vis du relargage potentiel de molécules du sac	L'historique et le nombre de validations déjà opérées sur l'inox sont en faveur du non relargage	-
Flexibilité	Changement de matériel rapide	-	-	Matériel en place sur une très longue période

I.2. Modes d'alimentation

Les principaux problèmes liés à la culture de cellules animales à grande échelle ont été la maîtrise du procédé, l'accumulation de métabolites toxiques et l'oxygénation. Les modes de culture en bioréacteur de cellules animales sont présentées ici.

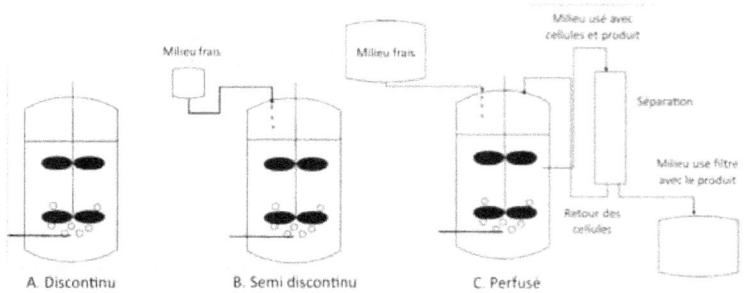

Figure 5 Différents modes d'alimentation utilisés pour la production d'anticorps monoclonaux à grande échelle en cuves agitées[3,86].

I.2.1 Mode discontinu

Ce mode de culture est réalisé en réacteur fermé, c'est-à-dire, qu'à l'exception des prélèvements d'échantillons et des régulations de pH et d'oxygène, aucun milieu n'est ajouté ou soutiré, les nutriments sont consommés par les cellules tandis que les métabolites s'accumulent dans le milieu. En mode discontinu (*batch*), la croissance cellulaire est donc limitée par l'épuisement des nutriments et le procédé dure de 3 à 7 jours[3].

En fin de croissance, le réacteur peut être vidé à 90%, et les cellules restantes réensemencées dans du milieu neuf. Dans ce cas, on parle d'un mode de culture «recharge récolte»[18]. Ce dernier n'est réalisé que si le procédé est arrêté en pleine phase de croissance car on ne réensemence pas un bioréacteur avec des cellules sénescentes.

I.2.2 Mode semi-continu

Dans ce système, le milieu de culture ou les nutriments sont ajoutés ponctuellement, par paliers ou en continu, sans soutirage. Cela se traduit par une augmentation plus ou moins importante du volume du milieu de culture. En mode semi-continu (*fed-batch*) la croissance n'est plus limitée par les nutriments mais par l'accumulation des produits inhibiteurs dans le milieu; la concentration cellulaire et la durée de culture sont fortement améliorées[18,73]. En effet, l'accumulation de métabolites cellulaires, tels que les ions ammonium, peut être toxique pour les cellules et néfaste pour la qualité des protéines produites[3,87].

L'intérêt de ce mode de culture est le prolongement de la phase de croissance et donc souvent l'augmentation de la production de la protéine d'intérêt, ce qui présente des atouts économiques intéressants[43]. Cependant, le mode semi-continu nécessite un travail important de développement, notamment en physiologie cellulaire, pour un meilleur contrôle des paramètres opératoires. Ce mode de culture est devenu assez prédominant durant la dernière décennie[74].

I.2.3 Mode continu

Le mode de culture continu consiste à ajouter continuellement du milieu frais tandis que le milieu usagé est soutiré au même débit, en maintenant ou non les cellules à l'intérieur du bioréacteur. Ce système permet de maintenir les cellules viables durant une longue période (plusieurs mois), ainsi qu'un environnement stable en régime permanent[18].

I.2.3.1. Cultures continues sans rétention cellulaire

Dans ce cas, les cellules sont soutirées en même temps que le milieu. Ce système est très utilisé à l'échelle du laboratoire pour réaliser des études physiologiques des cellules en fonction des paramètres opératoires faisant varier l'environnement cellulaire[88]. Dans l'industrie, la capacité des réacteurs continus sans dispositif de rétention cellulaire est au maximum de 2 000 litres. Cependant, ce mode de culture reste peu employé à grande échelle du fait des faibles productivités obtenues[18].

I.2.3.2. Cultures avec rétention cellulaire ou cultures perfusées

Le mode de culture perfusé permet d'obtenir de hautes densités cellulaires[89]. De plus, la perfusion du milieu de culture permet l'élimination des coproduits toxiques et des produits secrétés, ce qui réduit les risques de dégradation des protéines produites[90,91]. Ainsi, les systèmes de cultures perfusés permettent une productivité 10 à 50 fois plus élevée que les autres modes de culture sans nécessiter d'équipement à grande échelle[92,93]. Cependant ce mode de culture, mis à part les problèmes de colmatage, présente un risque élevé de contamination du fait de la complexité des dispositifs mis en œuvre. L'industrie s'intéresse aux procédés perfusés[94], notamment pour la production d'anticorps monoclonaux à usage diagnostique[18], car ils permettent une épuration continuelle des produits toxiques du milieu.

Au final, chaque système possède des avantages et des inconvénients (Tableau 6). Le choix d'un système sera donc guidé à la fois par la spécificité cellulaire, la faisabilité technique et les impératifs économiques[18].

Tableau 6 Avantages et inconvénients des différents modes de culture[9]

Procédés	Avantages	Inconvénients
Réacteur discontinu	Simplicité de la manipulation, facilité d'extrapolation,	Gradients de concentration durant la culture, accumulation de métabolites toxiques, baisse de la viabilité durant la culture
Réacteur semi-continu	Réduction du volume de culture, produit concentré, pas de gradients de concentration	Extrapolation complexe
Réacteur à perfusion	Haute densité cellulaire, pas de gradients de concentration, réacteur de petit volume	Procédure de validation longue et compliquée, unité de production conçue pour un produit spécifique

II. Hydrodynamique globale

La technologie des réacteurs en inox est couramment implantée dans les lignes de production industrielle. La configuration la plus rencontrée est une cuve cylindrique à fond arrondi munie d'un agitateur rotatoire et de ports de connexion de sondes stérilisables, pour la mesure du pH, de la température, de la pression de ciel et de l'O_2 dissous le plus souvent, mais aussi parfois pour celle du CO_2 ou de la biomasse. La cuve est également pourvue de ports d'entrée et de sortie du milieu de culture permettant des fonctionnements en mode discontinu-alimenté ou continu. Même si la présence de contre-pales est courante, elle n'est pas systématique[2].

II.1. Géométrie des réacteurs

La cuve agitée est la technologie de réacteur la plus employée pour réaliser des réactions chimiques, de nombreuses informations s'y référant sont disponible dans la littérature[95,96]. Historiquement, certains ratios géométriques (Figure 6), se sont avérer être efficaces pour le dimensionnement de cuves agitées. Ils prennent en compte les dimensions suivantes: diamètre de l'agitateur (D), diamètre de la cuve (T), largeur de l'agitateur (w), largeur des contre-pales (B), l'espace libre entre l'agitateur et le fond de la cuve (C) et la hauteur du liquide (Z) et servent de référent pour la conception de cuves. Néanmoins, ces ratios peuvent varier de façon significative pour des équipements conçus pour des applications spécifiques[95,97].

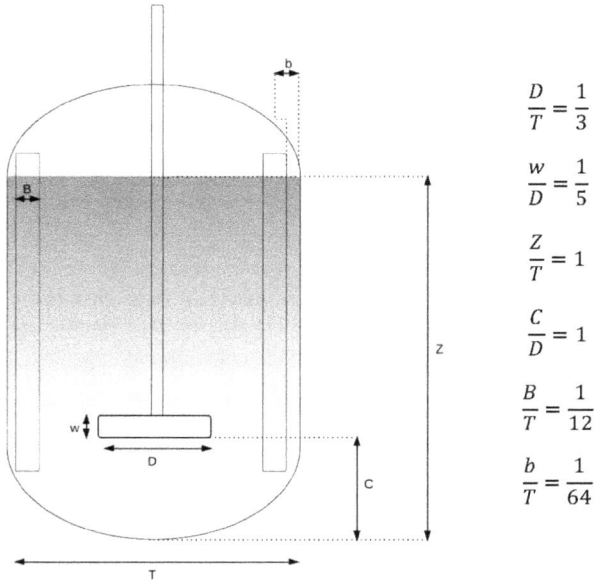

$$\frac{D}{T} = \frac{1}{3}$$

$$\frac{w}{D} = \frac{1}{5}$$

$$\frac{Z}{T} = 1$$

$$\frac{C}{D} = 1$$

$$\frac{B}{T} = \frac{1}{12}$$

$$\frac{b}{T} = \frac{1}{64}$$

Figure 6 Ratios géométriques avérés utiles pour un mélange efficace dans une cuve agitée[98].

II.2. Agitation

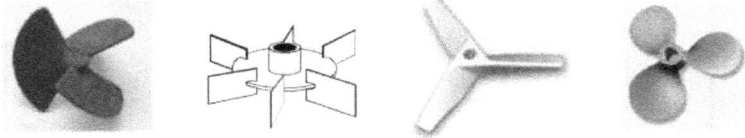

Figure 7 Mobiles d'agitation les plus utilisés pour la culture cellulaire industrielle: (de gauche à droite) une oreille d'éléphant à pompage bas, une turbine Rushton, une hélice A310 à pompage bas et une hélice marine.

Les mobiles d'agitation rencontrés dans les réacteurs de culture industrielle (Figure 7) sont de configurations variées et se répartissent en 2 catégories: les mobiles de pompage ou hélices et les mobiles de cisaillement ou turbines. Les hélices génèrent un mouvement axial du liquide et les turbines un mouvement radial (Figure 8). Comme le milieu des cultures de cellules animales présente des propriétés rhéologiques proches de celles de l'eau, le mélange macroscopique du liquide est aisé. Classiquement, les mobiles réputés cisaillants, comme les turbines Rushton, ont été souvent évités mais certains procédés montrent que leur utilisation est tout à fait compatible avec la culture en grands volumes[2,75].

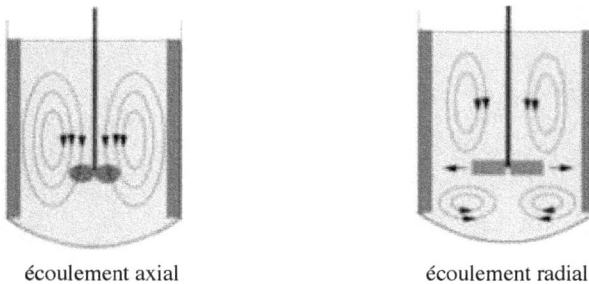

écoulement axial   écoulement radial

Figure 8 Ecoulements générés dans une cuve agitée[18,99].

Le rapport entre la hauteur et le diamètre de la cuve est généralement proche de 1 et dépasse rarement 2. Pour de plus grands rapports, une agitation bi- ou triétagée est appliquée. Des systèmes combinant différents types de mobile d'agitation sont aussi rencontrés.

Le taux de cisaillement $\dot{\gamma}$ (s^{-1}) mesure la déformation radiale appliquée au fluide, il dépend du type d'agitateur, de la vitesse d'agitation et de la nature du milieu de culture.

II.3. Hydrodynamique

Au cours de la culture, qui se déroule dans des conditions d'agitation et d'aération douces, l'agitateur doit assurer une bonne mise en suspension des cellules ou des microporteurs, une homogénéisation de la phase liquide pour limiter les gradients de concentration éventuels, une diminution des temps de mélange et une augmentation des capacités de transfert de matière (O_2 et nutriments). Les cellules animales étant réputées fragiles, l'agitation doit être minutieusement contrôlée. Classiquement, l'agitation est caractérisée par une puissance dissipée volumique macroscopique P/V (W.m^{-3}).

Le nombre de puissance (N_p) lie la vitesse d'agitation (N) à la puissance dissipée (P) par l'agitateur en absence d'aération. En bioréacteur de culture de cellules animales, le régime est le plus souvent turbulent, en particulier pour des volumes supérieurs à 10 L. Lorsque le régime d'écoulement est turbulent, le nombre de puissance (N_p) de l'agitateur utilisé reste constant, ce qui permet le calcul de la puissance dissipée, sans aération, par la relation suivante[100] :

$$N_p = \frac{P}{\rho N^3 D^5} \tag{1}$$

avec:

N_p	nombre de puissance
P	(W) puissance dissipée
ρ	(kg.m^{-3}) masse volumique
N	(s^{-1}) vitesse d'agitation
D	(m) diamètre de l'agitateur

Le nombre de puissance (N_p) peut être estimé par des corrélations[101] et sa valeur dépend des dimensions de la cuve et de l'agitateur (Tableau 7).

Tableau 7 Exemples de valeurs de nombre de puissance rencontrées en culture de cellules animales[2,102]

Mobile	Nombre de contre pale	Proportion géométrique	N_P
Oreille d'éléphant à pompage bas	4	3 pales, D/T=0,45	2,2
Turbine Rushton	4	6 pales, w/d=0,2; D/T=1	5
Hélice A310 à pompage bas	4	3 pales, 0,3 <D/T<0,5	0,3
Hélice marine	3	3 pales, D/T=1/3	0,35

La puissance dissipée (P_g) en présence d'aération peut être mesurée au cours de la culture. Elle peut aussi être estimée à partir de corrélations si le nombre de puissance et la puissance dissipée (P) pour maintenir la vitesse d'agitation (N) nécessaire pour réaliser la culture sont connus[103].

A partir des relations précédentes, il est alors possible de calculer le taux moyen de dissipation de l'énergie cinétique turbulente dans le réacteur, $\langle \varepsilon \rangle$ ($m^2.s^{-3}$) par l'expression suivante :

$$\langle \varepsilon \rangle = \frac{P_g}{\rho V} \tag{2}$$

ainsi que la microéchelle de la turbulence ou échelle de Kolmogorov $\langle l_k \rangle$ (m) par l'équation (3) :

$$\langle l_k \rangle = \left(\frac{\mu^3}{\rho^3 \langle \varepsilon \rangle} \right)^{1/4} \tag{3}$$

avec: μ (Pa.s) viscosité dynamique.

Il est classiquement admis que, lorsque l'échelle de Kolmogorov est inférieure au diamètre des cellules, d_c ($\approx$ 10 µm), des dommages cellulaires massifs peuvent apparaître dans le cas de cellules cultivées en suspension[75]. Dans le cas de cellules sur microporteurs ($d_c \approx$ 200 µm), les puissances dissipées critiques peuvent alors être sensiblement inférieures à celles escomptées pour des cellules en suspension. Les puissances dissipées volumiques rencontrées dans les réacteurs industriels sont généralement comprises entre 10 et 100 W. m^{-3}, ce qui correspond à des échelles de Kolmogorov allant de 40 à 80 µm.

L'étude de l'hydrodynamique globale permet d'obtenir des informations rapides quant aux niveaux moyens de puissance dissipée. Elle est communément réalisée lors de l'extrapolation des procédés. Cependant, elle ne permet pas de décrire l'hétérogénéité de la dissipation. L'utilisation d'outils de mécanique des fluides numérique permet une analyse microscopique qui améliore l'extrapolation[104].

III.   Transfert gazeux

III.1.   Transfert d'oxygène

Les capacités d'aération du bioréacteur doivent être dimensionnées pour assurer un apport suffisant d'oxygène, elles sont représentées par le taux de transfert d'oxygène (OTR):

$$OTR = k_L a([O_2]^* - [O_2])$$ (4)

avec: $[O_2]$ (mol.L^{-1}) concentration en oxygène dans la phase liquide,
$[O_2]^*$ (mol.L^{-1}) concentration en oxygène dissous à la saturation,
$k_L a$ (s^{-1}) coefficient volumique de transfert d'oxygène.

Le coefficient volumique de transfert d'oxygène peut être relié aux capacités de mélange et d'aération du bioréacteur par la relation générique suivante:

$$k_L a = A \left(\frac{P}{V}\right)^{\alpha} \left(U_g\right)^{\beta}$$ (5)

α et β étant des coefficients fonction du système cuve-agitateur-diffuseur utilisé (généralement entre 0,3 et 0,7), A étant une constante dépendant des propriétés physico-chimiques du milieu de culture et U_g la vitesse superficielle du gaz.

Compte tenu des vitesses de consommation d'O$_2$ par les cellules, les valeurs de $k_L a_{O_2}$ typiques sont comprises entre 1 et 10 h^{-1}, ce qui correspond à des vitesses superficielles de gaz entre 0,1 et 2 mm.s^{-1}. L'addition de surfactant, comme le Pluronic F68 dans le milieu de culture, exerce une double influence positive et négative sur le transfert d'oxygène, par l'augmentation de l'aire interfaciale gaz-liquide, d'une part, et par la diminution du coefficient de transfert de matière côté liquide k_L, d'autre part. La présence[105] d'anti-mousse[106] peut aussi induire une baisse significative du $k_L a_{O_2}$. L'utilisation d'air enrichi en O$_2$ ou d'O$_2$ gazeux pur permet de diminuer le débit gazeux grâce à l'augmentation de la concentration en oxygène à la saturation dans la phase liquide[2].

Les vitesses spécifiques de consommation d'oxygène par les cellules animales (q_{O_2}) sont nettement plus faibles que celles observées pour les cellules microbiennes, avec des valeurs comprises entre 1 et 4 .10^{-8} mol $\cdot$ (10^5 cellules $\cdot$ h^{-1}). Le taux de consommation d'oxygène (OUR) est

défini par:

$$OUR = X_V * q_{O_2} \tag{6}$$

avec: X_V (cellules. L^{-1}) concentration en cellules viables,
q_{O_2} (mol.cellule^{-1}.s^{-1}) vitesse spécifique de consommation d'oxygène par les
cellules animales.

Le dimensionnement des systèmes d'aération est souvent basé sur l'écriture du bilan en

oxygène dans le bioréacteur en régime permanent:

$$OUR = OTR = k_L a([O_2]^* - [O_2]) \tag{7}$$

III.2.   Transfert de dioxyde de carbone

Dans les réacteurs de grands volumes, en particulier lors de procédés continus-perfusés ou

discontinus-alimentés qui conduisent à des concentrations cellulaires plus élevées, on assiste à

l'accumulation du CO_2 produit par les cellules, et donc à l'augmentation de la concentration en CO_2

dissous. Ainsi, alors que des valeurs d'environ 40-70 mmHg sont obtenues en réacteur de 1,5 L, des

valeurs de 150-200 mmHg peuvent être rencontrées à plus grande échelle, dans le cas des aérations

par oxygène et par petites bulles[2]. Or, il a été montré que ces niveaux élevés de CO_2 dissous

présentent des effets négatifs sur la croissance et la productivité cellulaires, dans le cas de cellules

NSO, BHK, CHO ou Sf9. Le CO_2 issu de la respiration cellulaire se dissout dans le milieu de

culture selon l'équation suivante :

$$CO_2 + H_2O \leftrightarrow H^+ + HCO_3^- \tag{8}$$

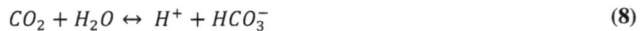

En l'absence de contrôle du pH, les effets négatifs peuvent provenir de la diminution du pH.

Lorsque le pH est contrôlé (par exemple par ajout de soude), le déplacement vers la droite de

l'équilibre de la réaction (8) entraîne une augmentation de la concentration en HCO_3^- et, par conséquent, une élévation de l'osmolalité. Sur cette base, la vitesse d'élimination du CO_2, R_{CO_2} (mmHg.s^{-1}), peut s'écrire sous la forme suivante[107]:

$$R_{CO_2} = -\left(\frac{10^{-pH}}{10^{-pH}+5,2*10^{-7}}\right) * k_L a_{CO_2}([CO_2]^* - [CO_2]) \qquad (9)$$

avec $[CO_2]$ (mmHg) pression partielle de CO_2 dans la phase liquide
$[CO_2]^*$ (mmHg) pression partielle en CO_2 dans la phase liquide à la saturation, $k_L a_{CO_2}$ (s^{-1}) coefficient volumique de transfert de CO_2.

En cytoculteur, la vitesse d'élimination du CO_2 est généralement de l'ordre de 0,5 mmHg.min^{-1}, même si elle dépend des conditions opératoires d'agitation et d'aération. Ainsi, le maintien de la concentration en CO_2 dissous en dessous d'une valeur maximale représente aujourd'hui une problématique industrielle non négligeable. Pour les grands volumes de culture, les plus faibles rapports de surface libre par volume de liquide ainsi que les hétérogénéités de dispersion de la phase gazeuse défavorisent l'élimination du CO_2 par la surface libre. Les stratégies actuelles pour répondre à cette problématique sont diverses :

– modification du tampon utilisé dans le milieu de culture, ce qui nécessite néanmoins des ajustements de la composition du milieu[108];

– aération par des bulles de gros diamètre[105]. Cette solution facile à installer est efficace mais elle peut provoquer l'augmentation des débits gazeux. Elle peut être couplée à l'appauvrissement en O_2 du gaz injecté ou à l'utilisation d'un second sparger[2] dédié à l'élimination du CO_2;

– augmentation des vitesses d'agitation[2]. Celle-ci favorise l'élimination du CO_2 par l'accroissement des coefficients de transfert de matière. Il conviendra néanmoins d'éviter l'apparition de dommages cellulaires.

IV.   Temps caractéristiques

Les temps caractéristiques (Tableau 8) décrivent les phénomènes de mélange et de transfert d'oxygène, on peut donc observer l'importance relative entre ces phénomènes en les comparant.

Tableau 8 Temps caractéristiques

Variables	Paramètres	Formules
T_m	Temps de mélange[109]	$T_m = \dfrac{5,3\,T^2}{ND^2 N_p^{1/3}}$
T_{ct}	Temps caractéristique de transfert[110]	$T_{ct} = \dfrac{([O_2]^* - [O_2])}{OUR}$
$k_L a^{-1}$	Temps de transfert d'oxygène	$k_L a^{-1}$
T_{circ}	Temps de circulation	$T_{circ} \approx \dfrac{T_m}{4}$

* Les temps de mélange et de circulation estimés pour une turbine Rushton

Le temps de transfert d'oxygène ($k_L a^{-1}$) estime le temps que l'oxygène prend pour passer de la phase gazeuse à la phase liquide. Il est fonction des conditions opératoires (débit d'alimentation en gaz (Q_g), vitesse d'agitation (N)). Le temps caractéristique de transfert (T_{ct}) correspond la durée maximale que doit prendre le transfert d'oxygène gaz-liquide pour satisfaire le besoin des cellules animales sans modifier la concentration en oxygène dans leur environnement. Il est primordial de choisir des conditions opératoires permettant d'avoir $k_L a^{-1} < T_{ct}$. En effet, dans ces conditions l'oxygène dissous dans le milieu de culture se renouvelle plus vite qu'il n'est consommé, ainsi les besoins nutritifs de la cellule sont satisfaits.

Le temps de mélange (T_m) correspond au temps nécessaire au système pour atteindre un haut degré d'homogénéité[111], il est le reflet des capacités du réacteur à homogénéiser le milieu de culture et il dépend des conditions opératoires (débit d'alimentation en gaz (Q_g), vitesse d'agitation (N)). Lorsque $T_m < k_L a^{-1}$, le milieu de culture s'homogénéise plus vite que l'oxygène passe de la phase gaz à la phase liquide, le transfert d'oxygène est l'étape limitante sur laquelle le passage à l'étape industriel doit être basé. Lorsque $k_L a^{-1} < T_m$, le milieu de culture s'homogénéise moins vite que l'oxygène passe de la phase gaz à la phase liquide, le mélange est alors limitant.

Le temps de circulation (T_{circ}) représente le temps moyen nécessaire à une particule agitée pour traverser un plan horizontal deux fois dans le même sens. Tout comme temps de mélange, il est le reflet des capacités d'homogénéisation du système.

En plus des compétences en biologie, produire des protéines thérapeutiques à l'aide d'une culture cellulaire animale requiert des compétences en ingénierie. En effet, pour une technologie de culture et un mode d'alimentation en substrats définis, l'hydrodynamique, le transfert gazeux et les temps caractéristiques s'avèrent être des outils efficaces pour décrire la culture cellulaire.

La faisabilité de la production industrielle d'un bioproduit par des cellules animales passe par le transfert de la culture de cellules à l'échelle du réacteur industriel sans perte des performances de production et de la qualité du produit. Ce transfert s'effectue avec minutie à partir des certaines caractéristiques pertinentes de la culture que l'on souhaite conserver entre les échelles.

Transfert à l'échelle industrielle

I. Extrapolation dimensionnelle de la culture cellulaire

L'extrapolation dimensionnelle ou "scale-up" peut être définie par la procédure mise en place pour la conception d'un système de production de grand volume à partir des connaissances du fonctionnement d'un système de petit volume. C'est une étape importante dans le développement de procédés, le modèle à petite échelle permettant de connaître les conditions optimales de culture (pH, concentration d'oxygène dissout, température, milieu de culture) indépendantes de la taille du système. De plus, les expérimentations à l'échelle du laboratoire fournissent des informations sur la cinétique et le métabolisme cellulaire en fonction des conditions choisies. Les paramètres indépendants de la taille du système ne sont pas pris en compte dans l'élaboration de la stratégie de scale-up[103]. En effet les phénomènes de transport, seuls phénomènes dépendants de la taille du système, constituent la base des stratégies de scale-up. Ces phénomènes sont liés à l'agitation et à l'aération du système. Un mauvais mélange peut entraîner des inhomogénéités du pH, concentration en éléments nutritifs, et les concentrations de sous-produits métaboliques.

Lorsqu'un procédé de culture cellulaire est déterminé à l'échelle du laboratoire, il doit être extrapolé à l'échelle pilote (50 à 300 L) où l'hydrodynamique et le mélange sont similaires à l'échelle industrielle. Généralement, le scale-up est réalisé pour atteindre un volume dix fois plus grand, mais des volumes cibles moins importants réduisent le risque d'erreur. L'extrapolation peut être réalisée selon quatre différentes approches: les méthodes théoriques, les méthodes semi-empiriques, l'analyse dimensionnelle et les méthodes empiriques[112].

Les méthodes théoriques sont basées sur l'application de modèles mathématiques utilisés pour décrire l'influence des conditions opératoires et du dimensionnement du réacteur sur l'hydrodynamique au sein du réacteur. Pour cela, les solutions des bilans microscopiques de matière et de quantité de mouvement sont déterminées. Récemment, la mécanique numérique des fluides c'est avérée être un outil efficace pour étudier l'hydrodynamique des réacteurs et le scale-up des procédés de culture cellulaire[103]. Ces méthodes sont très compliquées, des simplifications sont fréquemment requises pour pouvoir trouver des solutions réelles[113,114]. Toutefois, le développement de modèles théoriques capables de décrire les caractéristiques clé du système pourrait être l'outil le plus utile pour réussir l'extrapolation et pour déterminer les conditions optimales de production à grande échelle[112].

Dans les méthodes semi-empiriques, des équations simplifiées sont appliquées pour obtenir des approximations pratiques des paramètres de culture. Les paramètres obtenus sont fonctions de la taille du système, l'influence de la taille du système doit donc être étudiée. Malgré la simplification approfondie des équations lors du passage des modèles théoriques aux modèles semi-empiriques, la complexité de la méthode reste encore importante.

L'analyse dimensionnelle est basée sur la conservation les valeurs de nombres adimensionnels lors du scale-up. Ces nombres adimensionnels sont des ratios entre des vitesses ou des constantes de temps caractérisant des mécanismes impliqués dans le procédé de culture cellulaire. Si tous les nombres adimensionnels restent constants, l'importance relative de chaque phénomène ou mécanisme impliqué dans le procédé ne changera pas durant le scale-up. Il est souvent impossible de garder tous les nombres inchangés, par conséquent il est essentiel de déterminer les nombres les plus importants.

Les méthodes empiriques sont les plus utilisées pour extrapoler les procédés de culture cellulaire. Elles sont basées sur une règle générale qui est la conservation du paramètre prioritaire identique à l'échelle du laboratoire et le maintien des autres paramètres dans des intervalles permettant la réalisation de culture cellulaire. Cette règle n'est pas destinée à être strictement exacte.

Les paramètres prioritaires ou critères utilisés pour réaliser l'extrapolation dimensionnelle des conditions de culture cellulaire sont[115]:

> ➢ la puissance d'agitation (P/V) par unité de volume

> ➢ le coefficient volumique de transfert d'oxygène ($k_L a$)

> ➢ le temps de mélange T_m

> ➢ la vitesse d'agitation en bout de pale d'agitation N_T

> ➢ le taux de cisaillement en bout de pale d'agitation $\dot{\gamma}$

> ➢ le taux de consommation d'oxygène OUR

> ➢ concentration d'oxygène dissout [O]

Les critères de scale-up les plus utilisés et leur pourcentage d'utilisation sur l'ensemble des procédés biotechnologiques sont: une puissance dissipé par unité de volume constante (30%), un coefficient volumique de transfert d'oxygène constant (30%), une vitesse ou un cisaillement en bout d'agitateur constant (20%) et une concentration d'oxygène dissout constante (20%)[116]. Il est impossible de garder tous ces paramètres constants. La vitesse d'agitation en bout de pale est un critère avantageux dans le cas de culture de cellules sensibles au stress hydrodynamiques, notamment aux contraintes de cisaillement, car il détermine le stress maximal dans le réacteur et les dommages cellulaires possibles et influence la dispersion du gaz dans le milieu de culture. Cependant, son utilisation induit une diminution de la puissance dissipée par unité de volume et de la vitesse d'agitation, ce qui entraine une réduction remarquable du taux de transfert d'oxygène lors du passage à grande échelle[112]. Maintenir la puissance dissipée par unité de volume ou le coefficient volumique de transfert d'oxygène constant semble être le meilleur critère pour le scale-up[117,118]. De plus l'application de la règle générale de conservation du paramètre prioritaire est aisée, par contre cette méthode peut avoir des limites dans la mesure où des phénomènes limitant le transfert de masse peuvent apparaître à grande échelle.

Dans la pratique, l'extrapolation est réalisée à partir d'une combinaison de ces quatre approches. En général, il est impossible de conserver tous les paramètres à leur valeur optimale, il est donc nécessaire de définir les variables considérées comme prioritaires. De nombreux facteurs tels que le rendement désiré, les coûts et temps de production, les équipements disponibles, la conformité aux bonnes pratiques de fabrication et la faisabilité des étapes successives de purification ont un rôle important dans l'extrapolation dimensionnelle de la culture cellulaire.

II. Etude de cas

II.1. Production d'un anticorps monoclonal

Le cas étudié est issu du travail de Jeng-Dar Yang, publié en 2007[119]. Au cours du développement d'un système de production d'un anticorps monoclonal, l'Epratuzumab, la culture de cellules Sp2/0 de myélome de souris a été mise au point. Cette culture cellulaire a été réalisée en cuve agitée semi-continu (*fed-batch*) dans un milieu de culture chimiquement défini sans composés d'origine animale successivement dans des réacteurs 3, 75, 300 et 2500 L contenant respectivement 2, 50, 225 et 2000 L de volume de culture. Dans chaque cas, le volume de l'inoculum était compris entre 10 et 14% du volume de culture.

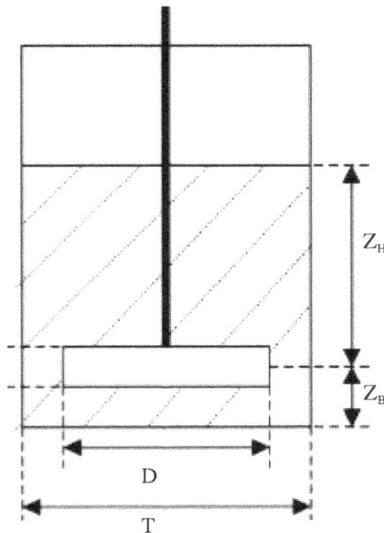

Figure 9 Schéma de la cuve agitée de 3 L[119].

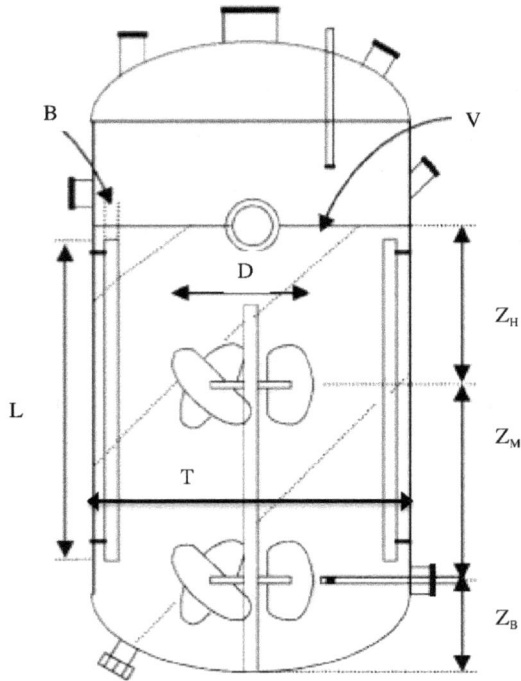

Figure 10 Schéma des cuves agitées de 75, 300 et 2500 L[119].

Tableau 9 Dimension des cuves agitées utilisées[119].

	Cuves agitées			
Variables	3 L	75 L	300 L	2500 L
V (L)	2	50	225	2000
D (cm)	11	18	29	61
T (cm)	16	36	58	122
Z_H (cm)	14	11	14	26
Z_M (cm)	0	27	44	91
Z_B (cm)	4	18	31	63
Nombre de contre-pales	0	4	4	4
B (cm)	0	3	5	10
L (cm)	0	47	75	155
$Z= Z_H+Z_M+Z_B$ (cm)	18	56	90	181
D/T	0,7	0,5	0,5	0,5
Z/D	1,6	3,1	3,1	3,0

La cuve en verre de 3 L était équipée d'une turbine Rushton alors que les autres cuves, en inox, contenaient deux mobiles à pales inclinées (Figure 9 et 10). Les cuves de 75, 300 et 2500 L ont été conçues pour opérer selon les bonnes pratiques de fabrication et sous les contraintes confinement BL2-LS[120]. Le volume de travail (V) varie selon la taille de la cuve mais, lorsque c'était possible, un ratio (Z/D) de la hauteur du milieu de culture sur diamètre de l'agitateur, de 3:1, ainsi qu'un ratio (D/T) du diamètre de l'agitateur sur celui de la cuve, de 0,5 ont été maintenus pour assurer une similarité géométrique entre les grandes cuves (75, 300 et 2500 L) au cours du scale-up (Tableau 9).

Pour toutes les échelles, la culture était contrôlée à une température de 37°C et à un pH de 7,3 par addition de CO_2 et de carbonate de sodium. La concentration en oxygène dissout était contrôlée à 40% de la concentration à saturation en air. La pression partielle en dioxyde de carbone (P_{CO_2}) a été maintenue entre 15 et 180 mmHg pour ne pas inhiber la croissance cellulaire. L'addition d'O_2 et de CO_2 était régulée automatiquement, en plus de l'air, dans la cuve de 75 L le diffuseur injectant un gaz à la fois alors que le celui des autres cuves pouvait injecter plusieurs gaz simultanément. En début de culture, les débits d'O_2 et de CO_2 avaient la même valeur que le débit d'air ensuite ces valeurs changeaient du fait de la régulation.

II.2. Stratégie

Premièrement, le procédé de culture cellulaire a été effectué à petite échelle (3 litres). Cela a permis de déterminer les conditions favorables du procédé, notamment les valeurs adéquates de pression partielle en CO_2. Les paramètres indépendants de la taille de la cuve ont été déterminés, il s'agissait de: la température, la concentration en oxygène dissous, le pH et le débit d'air injecté par unité de volume de culture.

Dans un second temps, une stratégie a été définie pour effectuer l'extrapolation dimensionnelle. Elle était basée sur une augmentation progressive de la taille des cuves, sur la conserver des paramètres indépendants de la taille des cuves et sur l'établissement de critères d'extrapolation.

Lors de l'extrapolation dimensionnelle, le maintien du coefficient de transfert d'oxygène entre les échelles a été considéré comme un point moins important que le mélange et le cisaillement. Les auteurs ont expliqué cela par le fait que la culture de cellules de mammifère nécessite un coefficient de transfert d'oxygène beaucoup plus faible que la culture microbienne. Si le coefficient de transfert d'oxygène changeait en passant à une échelle plus grande, on pouvait espérer que les impacts de ce changement soient insignifiants ou qu'ils puissent être gérés en ajoutant de l'oxygène pur dans l'air alimentant la culture.

Les critères suivant ont été sélectionnés pour déterminer la vitesse d'agitation requise en passant aux échelles supérieures:

- Une vitesse d'agitation en bout de pale (N_T) constante

$$N_T = \pi N D \tag{10}$$

- Un taux de cisaillement constant

$$\dot{\gamma} = \left(\frac{3,3}{v_0^{0,5}}\right) N^{1,5} D \tag{11}$$

v_0 étant la viscosité newtonienne

- Un temps de circulation constant

$$T_{circ} = 0,85 \left(\frac{T}{D}\right)^2 N^{-1} \tag{12}$$

- Un temps de mélange constant

$$T_m = 1,45 * \left(\frac{T}{D}\right)^{2,57} N^{-1} \tag{13}$$

Ensuite, les vitesses d'agitation ont été calculées en se basant sur les différents critères d'extrapolation (Tableau 10). Ces calculs ont été basés sur une vitesse d'agitation de 50 rpm fixée au cours de la culture en réacteur de 3 litres.

Tableau 10 Vitesses d'agitation proposées en se basant sur les différents critères de scale-up

Critères	Modèles	3 L	75 L	300 L	2500 L
Vitesse constante en bout de pales (m.s^{-1})	Equation (10)	50 rpm (0,28 m.s^{-1})	31 rpm	19 rpm	9 rpm
Taux de cisaillement constant (s^{-1})	Equation (11)	50 rpm (225 s^{-1})	36 rpm	26 rpm	16 rpm
Temps de circulation constant (s)	Equation (12)	50 rpm (2,2 s)	92 rpm	92 rpm	92 rpm
Temps de mélange constant (s)	Equation (13)	50 rpm (4,7 s)	190 rpm	190 rpm	190 rpm

Maintenir une vitesse d'agitation constante en bout de pale et/ou un taux de cisaillement constant requiert une diminution de la vitesse d'agitation lorsque le volume de culture augmente. Ainsi, la vitesse proposée pouvait atteindre des valeurs aussi basses que 9 rpm dans le bioréacteur 2500 L! En revanche, pour maintenir le même temps de circulation et/ou le temps de mélange, un grand volume exigerait une vitesse d'agitation plus élevée que celle de la cuve de 3 L (92 ou 190 pm contre 50 rpm). Une vitesse d'agitation de 9 ou de 190 rpm n'étant pas compatible avec une culture de cellules animales dans un volume aussi grand que 2500 L, un compromis entre le mélange et le cisaillement a été effectué en choisissant une vitesse de 65 rpm pour la culture en volume de 75, 300 et 2500. Avant d'effectuer les cultures dans les grandes cuves, des expériences ont été réalisées à petite échelle pour vérifier que les cellules résisteraient des cellules au taux de cisaillement induit par une vitesse de 65 rpm.

Les paramètres de cisaillement et de mélanges ont été recalculés à une vitesse d'agitation de 65 rpm (Tableau 11).

Tableau 11 Impacts du changement de vitesse d'agitation sur le cisaillement et le mélange[119].

Paramètres	Modèles	3 L	75 L	300 L	2500 L
Vitesse d'agitation (rpm)	Fixée	50	65	65	65
Vitesse en bout de pales (m.s^{-1})	Equation (10)	0,28	0,61	0,99	2,00
Taux de cisaillement (s^{-1})	Equation (11)	225	548	900	1877
Temps de circulation (s)	Equation (12)	2,2	3,2	3,2	3,2
Temps de mélange (s)	Equation (13)	4,7	13,7	13,7	13,7

Il a été observé que la vitesse d'agitation en bout de pales et le taux de cisaillement augmentait de plus de 7 fois en passant de 3 L à 2500 L. En comparaison, le temps de circulation augmentait modérément (+45%). L'ordre de grandeur des temps de mélange (13,7 s) et de circulation (3,2 s) était acceptable pour un grand volume.

Une étude a été réalisée à petite échelle pour vérifier que les cellules animales utilisées pouvaient supporter les taux de cisaillement induit par une vitesse d'agitation de 65 rpm. Ensuite, les cultures de cellules ont été réalisées chronologiquement dans les cuves agitées de 75, 300 et 2500 litres. Il est important de noter que les trois grands réacteurs ont une géométrie et une agitation similaires et différentes de celles du petit réacteur. Tous les paramètres indépendants de l'échelle ont pu être conservés à l'identique, à l'exception du débit total de gaz qui a été réduit pour limiter la formation de mousse dans la cuve de 2500 litres (Tableau 12).

Tableau 12 Débit d'air proposés pour opérer aux différentes échelles[119]

Paramètres	Cuves agitées			
	3 L	75 L	300 L	2500 L
Q_g/V (min^{-1})	0,005			
Q_g (L.min^{-1})	0,01	0,25	1,125	10*

* La valeur du débit a été modifiée, de 10 à 2 litres par minutes, pour éviter la formation de mousse.

II.3. Comparaison des performances entre les échelles

Pour les quatre cuves, la culture cellulaire a été réalisée en trois exemplaires ou lots afin de pouvoir comparer de la performance du procédé entre les différentes échelles. La croissance cellulaire et la formation d'Epratuzumab de trois lots ont été évaluées qualitativement à chaque échelle en comparant directement les profils de croissance (Figure 11), la consommation de nutriment, la formation de métabolite (glucose/lactate (Figure 12), glutamine/ammoniun (Figure 13)) et la production d'anticorps (Figure 14).

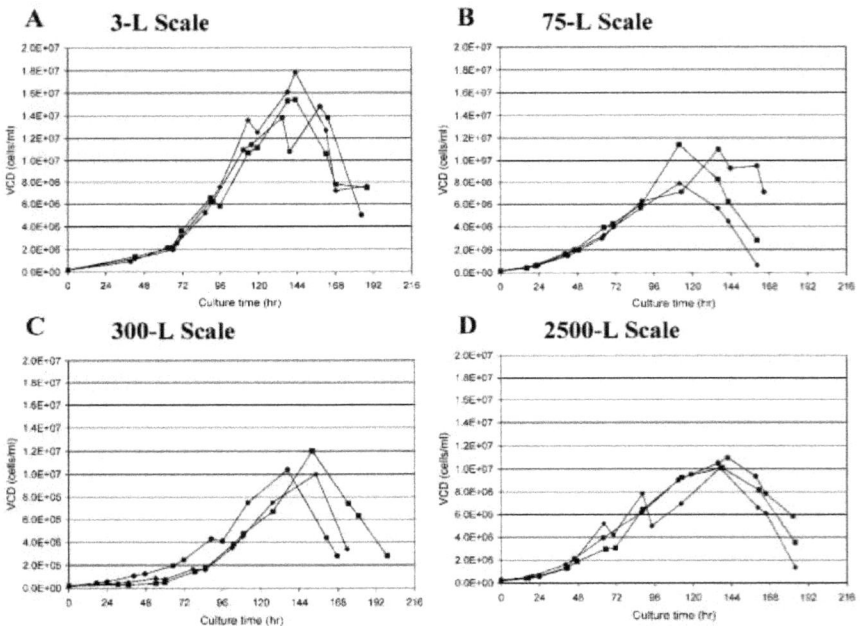

Figure 11 Comparaison des profils de croissance cellulaire à différentes échelles: (A) 3 L, (B) 75 L, (C) 300 L et (D) 2500 L. Trois lots sont représentés sur chaque graphique[119].

En observant la croissance cellulaire globale, les cultures à l'échelle de 3 L montraient une densité cellulaire maximale plus importante que celles observées aux autres échelles ($1,6 \cdot 10^7$ contre $1,1 \cdot 10^7$ cellules viables en moyenne). Par ailleurs, des variations entre les lots étaient plus importantes en réacteur de 75 L qu'en réacteur de 300 et 2500 L. La culture cellulaire à l'échelle de

2500 L a montré la plus faible variation en les lots et la meilleure longévité cellulaire (8 jours).

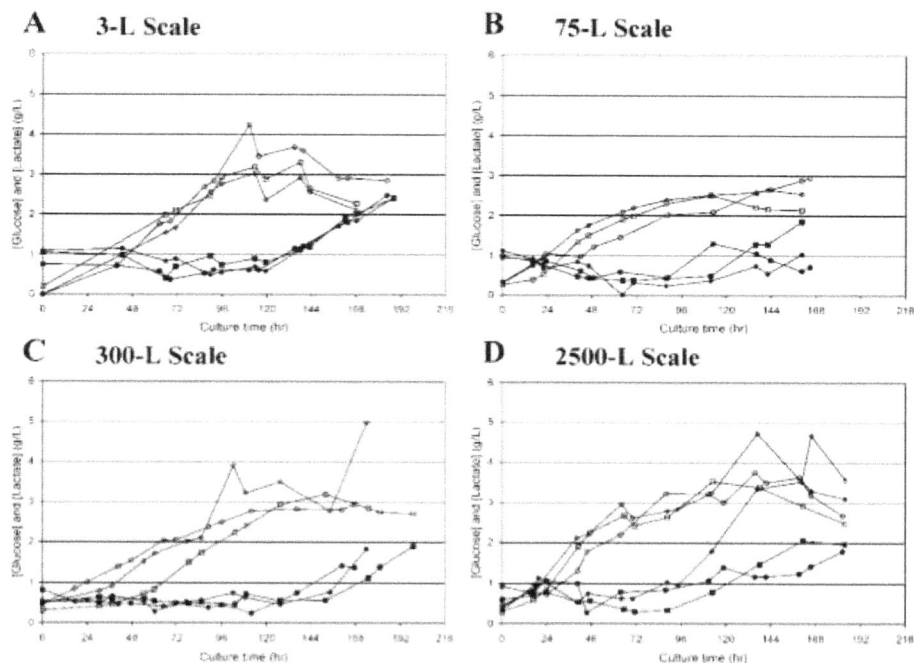

Figure 12 Comparaison des profils de consommation de glucose et de production de lactate à différentes échelles: (A) 3 L, (B) 75 L, (C) 300 L et (D) 2500 L. Trois lots sont représentés sur chaque graphique. Les symboles sombres représentent les concentrations en glucose et les symboles clairs représentent les concentrations en lactate[119].

A toutes les échelles, la concentration en glucose était bien contrôlée à 1 g.L^{-1} et augmentait

légèrement lorsque le nombre de cellules viables déclinait à environ 144 heures de culture (Figure

12). La formation de lactate associée augmentait régulièrement au cours des cultures cellulaires

jusqu'à atteindre, en fin de culture, des concentrations comprises entre 3 et 4 g.L^{-1} sauf pour la

culture à 75 L où le lactate s'accumulaient à une concentration comprise entre 2 et 3 g.L^{-1}. Cette

faible accumulation pouvait être attribuée à la croissance des cultures en 75 L qui était la plus faible

observée.

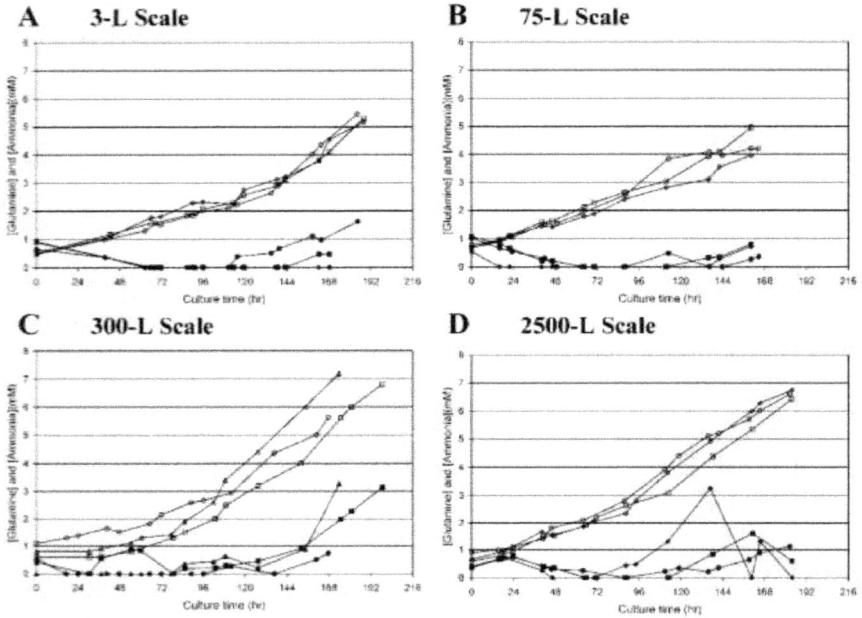

Figure 13 Comparaison des profils de consommation de glutamine et de production d'ammonium à différentes échelles: (A) 3 L, (B) 75 L, (C) 300 L et (D) 2500 L. Trois lots sont représentés sur chaque graphique. Les symboles sombres représentent les concentrations en glutamine et les symboles clairs représentent les concentrations en ammonium[119].

A toutes les échelles, la concentration en glutamine était bien contrôlée à une valeur quasiment nulle pour minimiser la production d'ammonium (Figure 13). Une légère augmentation de la concentration en glutamine a pu être observée lors de la décroissance du nombre de cellules viables après environ 144h de culture. La concentration en ammonium augmentait régulièrement au cours des cultures cellulaires jusqu'à atteindre, en fin de culture, des concentrations comprises entre 5 et 7 mmole.L^{-1}. Un temps de culture plus court et une croissance plus faibles ont conduit à des concentrations finales en ammonium moins importantes dans les lots effectués à 75 L.

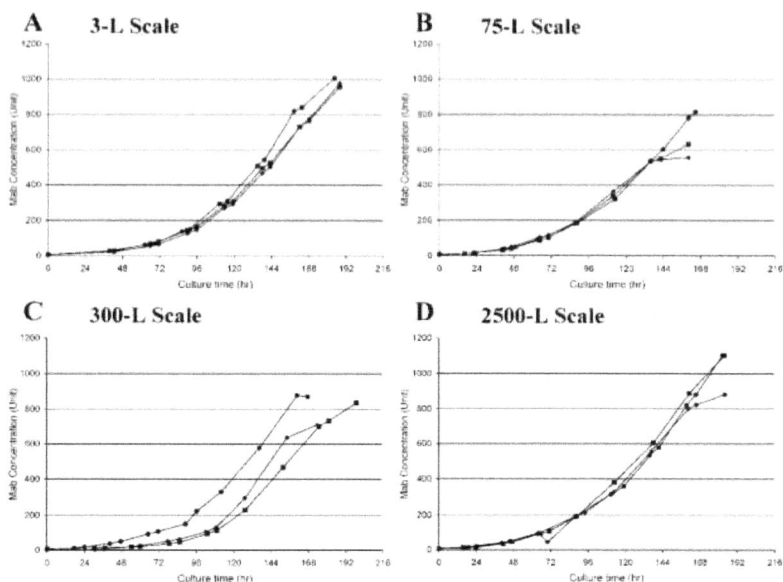

Figure 14 Comparaison des profils de production d'anticorps à différentes échelles: (A) 3 L, (B) 75 L, (C) 300 L et (D) 2500 L. Trois lots sont représentés sur chaque graphique[119].

Quel que soit le lot, pour chaque échelle, la production d'anticorps était comprise entre 600 et 1000 U (μg. mL^{-1}). La concentration finale en anticorps s'est progressivement améliorée d'une moyenne de 700 U à 75 L, puis 800 U à 300 L et enfin 900 U à 2500 L.

Globalement, l'ensemble des résultats, obtenus à partir de trois lots à chaque échelle, énoncés précédemment démontrait que les tendances générales production d'anticorps de consommation de nutriments et de formation de métabolites semblaient être comparables à l'exception de la croissance cellulaire à 3 L.

Après la comparaison des performances de la culture cellulaire à travers les différentes échelles, le procédé à 3 L, qui était la base du scale-up, présentait un profil de densité de cellules viables beaucoup plus important et comparativement une productivité par cellule plus faible, d'environ 21 U/cellules/jours comparé à 32-33 U/cellules/jours, que celles observées lors de la culture à 75, 300 et 2500 L. Les trois hypothèses suivantes ont été énoncées pour tenter d'expliquer cette observation: une perte de volume due à l'échantillonnage, l'âge élevé des cellules en début de culture et un cisaillement élevée.

Les auteurs ont mené des investigations et les résultats obtenus supportent partiellement l'hypothèse selon laquelle un taux de cisaillement élevé serait la cause de la diminution de la croissance cellulaire dans les grandes cuves. Toutefois, un taux de cisaillement élevé seul ne peut expliquer l'amélioration de la productivité spécifique des anticorps lors du passage dans les grandes cuves où le cisaillement était plus important. Une interaction entre le taux de cisaillement, le nombre et la nature des mobiles d'agitation et les caractéristiques géométriques des cuves pourraient expliquer les disparités observées en la cuve de 3 L et les grandes cuves.

II.4. Conclusion

La production d'Epratuzumab, par des cellules Sp2/0 de myélome de souris, a été réalisée en cuve agitée semi-discontinue de 2500 L à partir des données de culture cellulaire d'une cuve de 3 L en passant par des volumes intermédiaires de 75 et 300 L. Pour déterminer les paramètres de l'agitation requis pour la culture à une échelle supérieure, un compromis a été fait parmi les critères d'extrapolation suivants: le taux cisaillement, la vitesse d'agitation en bout de pale, le temps de circulation, le temps de mélange. A l'exception de la croissance cellulaire à 3 L, les tendances générales de croissance cellulaire, de production d'anticorps, de consommation de nutriments et de formation de métabolite semblaient être similaires à toutes les échelles. En effet des écarts notables de concentration finale en anticorps et de productivité spécifique ont pu être observés entre la culture à 3 L et celle dans les grandes cuves. Ces différences ne s'expliquait ni par la perte de volume du à l'échantillonnage ni par l'âge des cellules utilisées. Elles s'expliquaient partiellement par les taux de cisaillement élevés dans les réacteurs de grande taille.

II.5. Commentaire

Cette publication est le fruit du travail collaboratif de 13 scientifiques. Des études analytiques pour confirmer l'identité et la pureté du produit ont été réalisées, elles ont démontré la conformité du produit à toutes les échelles.

Les trois grands réacteurs ont une géométrie et une agitation similaires et différentes de celles du petit réacteur. En industrie, il arrive que les similarités géométriques ne soient pas conservées au cours du scale up. Le scientifique doit savoir s'adapter et proposer un modèle pour réaliser la culture à grande échelle.

Après avoir réaliser la culture dans une petite cuve, une stratégie d'extrapolation a été mise en place. Elle était basée sur une augmentation progressive de la taille des cuves, sur la conservation des paramètres indépendants de la taille des cuves et sur l'établissement de critères d'extrapolation.

Augmenter le volume de culture de façon progressive augmente les chances de succès de l'extrapolation dimensionnelle. En effet, lorsqu'on passe par des volumes intermédiaires ont gagne de l'expérience dans l'opération, la régulation et le contrôle du procédés. Cinq ingénieurs ont été nécessaires pour aller de 3 à 75L, alors qu'un seul ne l'était pour aller de 300 à 2500L. De plus en cas d'échec, un volume intermédiaire permet de réduire la perte de réactifs et de rechercher causes d'échec.

Les vitesses d'agitation permettant de conserver ces critères ont été calculées à l'aide de méthodes théoriques. On a pu observer la limite de ces méthodes dans la mesure où elles aboutissent à des valeurs de vitesse d'agitation inappropriées pour une culture dans une grande cuve. Une nouvelle vitesse d'agitation plus appropriée ensuite été imposée.

Le transfert d'oxygène n'ayant pas été étudié, il constitue un levier pour l'amélioration des performances de la culture cellulaire.

Conclusion

L'étendue et la diversité de la bibliographie utilisée pour traiter le sujet montrent, dans un premier temps, que la problématique posée est complexe. L'obtention de données détaillées sur la stratégie de transfert de la culture cellulaire à l'échelle industrielle a constitué une difficulté dans la mesure où il s'agit de secrets de production bien gardés. Les analyses proposées dans cette thèse se limitent donc à un ensemble de publications libres et non confidentielles.

Durant les dernières décennies, on a pu assister à l'éclosion des bioproduits issus de culture de cellules animales, générant ainsi des revenus importants pour les entreprises pharmaceutiques. Actuellement, les cellules animales sont utilisées en production industrielle, notamment dans la fabrication de vaccins et de protéines recombinantes. La conception de systèmes de production industrielle résulte d'un travail minutieux et requiert des compétences pluridisciplinaires.

Les conditions d'opération d'un procédé de culture à l'échelle du laboratoire, ne peuvent être conservées à l'identique à l'échelle industrielle, il est souvent nécessaire de faire des compromis entre elles. Pour limiter le risque d'erreur durant l'extrapolation dimensionnelle, il convient de passer par des échelles intermédiaires.

Une meilleure compréhension des impacts des lipides, des surfactants, de l'aération, de la pression partielle en CO_2 et de la stabilité génétique des cellules en culture permettrait d'améliorer les stratégies mise en œuvre pour effectuer l'extrapolation dimensionnelle.

Tout procédé de culture de cellules animales possède des caractéristiques propres. Réaliser la transposition d'une petite échelle à l'échelle industrielle est à chaque fois une expérience unique et différente qui requiert des compétences multidisciplinaires.

Bibliographie

[1] Maître B. L'élimination des endotoxines, un enjeu majeur dans la purification des produits

[2] Marc A et Olmos E. Procédés de culture en masse de cellules animales. *Les Techniques de l'Ingénieur. Réf. BIO6800.* 2010, 1–17.

[3] Mosser M. Intérêt des hydrolysats de levure dans les procédés de culture de cellules CHO productrices d'anticorps: analyse cinétique, fractionnement et charactérisation des composés actifs. Th Doctorat, INPL, Nancy, 1 Octobre 2012 p 3-68.

[4] Walsh G. Biopharmaceutical benchmarks. Nat Biotechnol 2010, 28: 917-924.

[5] PhRMA. 2013. Report: Biotechnology medecines in development, www.phrma.org. Consulté le 17 octobre 2013.

[6] IMS Intelligence Applied. Le Marché Pharmaceutique dans le Monde et en France: Bilan 2010 et Perspective. 2011

[7] Carter PJ. Introduction to current and future protein therapeutics: A protein engineering perspective. Experimental Cell Research. 2011, 317(9): 1261-9.

[8] Wurm FM. Production of recombinant protein therapeutics in cultivated mammalian cells. Nature Biotechnology. 2004 (22): 1393-1398.

[9] Kretzmer G. Industrial processes with animal cells. Applied Microbiology and Biotechnology 2002; 59 (2): 135-142.

[10] Lodish H, Berk A, Matsudaira P, Kaiser CA, Krieger M, Scott MP, Zipursky L et Darnell J. Biologie moléculaire de la cellule. 3ème éd Bruxelles: de Boeck. Chapitre 6 p236.

[11] Hayflick L. History of cell substrates used for human biologicals. Developments in Biological Standardization, T. 75 ; 1991 : p. 9-15.

[12] Jacobs JP, Jones CM, Baille JP. Characteristics of a human diploid cell designated MRC-5. Nature, 1970 227:168-70.

[13] Hayflick L. The limited in vitro lifetime of human diploid cell strains. Experimental Cell Research 1965, 37:614-36

[14] Kohler G, Milstein C. Continuous cultures of fused cells secreting antibody of predefined specificity. Nature. 1975, (5517): 495-7.

[15] Petiot E. Etude et optimisation de procédés de production de vaccins par cultures de cellules animales en bioréacteurs. Th Doctorat, INPL, Nancy, 2009, p9-19.

[16] OMS. 32ème rapport du Comité d'experts de la standardisation biologique, série de rapport technique N° 673, 1982.

[17] Deparis V. Etude et maitrise d'éléments clés du procédé de production de l'alpha-1,3-fucosyltransférase humaine par le système baculovirus/cellules d'insectes. Th Doctorat, INPL, Nancy, 29 avr. 2002.

[18] Barbouche N. Étude de la réponse physiologique de cellules animales à des stress hydrodynamiques contrôlés. Th Doctorat, INPL, Nancy, 13 nov. 2008 p 15-101.

[19] CellsYusuf Chisti Y. Hydrodynamic Damage to Animal. Critical Reviews in Biotechnology, 2001, 21(2):67–110.

[20] Liste-Calleja L, Lecina M, and Cairó JJ. HEK293 cell culture media study towards bioprocess optimization: Animal derived component free and animal derived component containing platforms. J.Biosci. Bioeng. 2014,117 (4), 471-477.

[21] Eagle H. Media for Animal Cell Culture. Tissue Culture Association Manual. 1976, 3, 517-520.

[22]Sigma-Aldrich. Product information.
http://www.google.fr/url?sa=t&rct=j&q=&esrc=s&source=web&cd=4&ved=0CEsQFjAD&url=http%3A%2F%2Fwww.safcglobal.com%2Fetc%2Fmedialib%2Fdocs%2FSigma%2FFormulation%2Fm0894for.Par.0001.File.tmp%2Fm0894for.pdf&ei=bvYUtKRBYnRsgbq24HoBg&usg=AFQjCNGbS3NoEYvcDqQHT2gAw97MlIs1ZA&bvm=bv.52434380,d.Yms&cad=rja consulté le 3 Octobre 2013.

[23] Smith JD, Freeman G, Vogt M and Dulbecco R. The Nucleic Acid of Polyoma Virus. Virology. 1960, 12, 185-196.

[24] Dulbecco R and Freeman G. Plaque production by the polyoma virus. Virology.1959, 8, 396.

[25] Vinci VA et Parekh, SR. Handbook of industrial cell culture: mammalian, microbial, and plant; Humana Press, c2003. p72

[26]Chen L, Mao SJ, Larsen WJ. Identification of a Factor in Fetal Bovine Serum That Stabilizesthe CumulusExtracellular Matrix a role for a member of the inter-α-trypsin inhibitor. - Journal of Biological Chemistry, 1992, 267, (17), 12380-6.

[27] Castle, P. and Robertson, J. S. Animal Sera, Animal Sera Derivatives and Substitutes Used in the Manufacture of Pharmaceuticals. Biologicals, 1998, 26 (4): 365-8.

[28] Keenan J, Pearson D and Clynes M. The role of recombinant proteins in the development of serum-free media. Cytotechnology. 2006, 50: 49-56.

[29] Kim DY, Lee JC, Chang HN and Oh DJ. Development of serum-free media for a recombinant CHO cell line producing recombinant antibody. Enzyme and Microbial Technology. 2006, 39 (3): 426-433.

[30] Doverskog M, Ljunggren J, Ohman L and Haggstrom L. Physiology of cultured animal cells. Journal of Biotechnology. 1997, 59 (1-2): 103-115.

[31]Merten OW, Wu R, Couveì E and Crainic R. Evaluation of the serum-free medium MDSS2 for the production of poliovirus on Vero cells in bioreactors. Cytotechnology. 1997, 25 (1-3): 35-44.

[32]Merten OW, Kierulff JV, Castignolles N and Perrin P. Evaluation of the new serum-free medium(MDSS2) for the production of different biologicals: Use of various cell lines. Cytotechnology. 1994, 14 (1): 47-59.

[33] Yelian FD, Edgeworth NA, Dong LJ, Chung AE and Armant DR. Recombinant entactin promotes mouse primary trophoblast cell adhesion and migration through the Arg-Gly-Asp (RGD) recognition sequence. J. Cell Biol. 1993, 121 (4): 923-929.

[34]Morris AE and Schmid J. Effects of Insulin and LongR3 on Serum-Free Chinese Hamster Ovary Cell Cultures Expressing Two Recombinant Proteins. Biotechnology Progress. 2000, 16 (5): 693-697.

[35] Zhang J and Robinson D. Development of Animal-free, Protein-Free and Chemically-Defined Media for NS0 Cell Culture. Cytotechnology, 2005, 48 (1): 59-74.

[36] Farges-Haddani B, Tessier B, Chenu S, Chevalot I, Harscoat C, Marc I, Goergen JL, Marc A. Peptide fractions of rapeseed hydrolysates as an alternative to animal proteins in CHO cell culture media. Process Biochemistry 2006, 41(11):2297-2304.

[37]Farges B. Les peptides de colza : une alternative aux protéines animales dans les procédés de cultures de cellules de mammifères ? Th Doctorat, INPL, Nancy, 5 juillet 2005.

[38] Mols J, Peeters-Joris C, Agathos SN, Schneider YJ. Origin of rice protein hydrolysates added to protein-free media alters secretion and extracellular proteolysis of recombinant interferon-γ as well as CHO-320 cell growth. Biotechnol. Lett. 2004, 26(13):1043-1046.

[39] Chabanon G, Alves da Costa L, Farges B, Harscoat C, Chenu S, Goergen JL, Marc A, Marc I, Chevalot I. Influence of the rapeseed protein hydrolysis process on CHO cell growth. Bioresour. Technol. 2008, 99(15):7143-7151.

[40]Farges B., Chenu S., Marc A., Goergen J.L. Kinetics of IFN-[gamma] producing CHO cells and other industrially relevant cell lines in rapeseed-supplemented batch cultures. Process Biochemistry 2008, 43(9):945-953.

[41] Martial A. Etude du comportement d'hybridomes en réacteurs dans un milieu défini: effets des suppléments (acides aminés, insuline, lipides) en cultures discontinues et continues. Th Doctorat, INPL, Nancy, 20 mars 1991.

[42] Duval D, Demangel C, Miossec S, Geahel I. Role of metabolic waste products in the control of cell proliferation and antibody production by mouse hybridoma cells. Hybridoma. 1992, 11(3):311-322.

[43] Dardenne M, Cherlet M, Engasser JM, Marc A. A kinetic studies of fed-batch hybridoma cultures : effect of various feeding compositions and flow rates. In: Spier RE, Griffiths B, editors. Animal Cell Technology. 1994, 542-544.

[44]Bhuiyan MMU, Kang SK, Lee BC. Effects of fructose supplementation in chemically defined protein-free medium on development of bovine in vitro fertilized embryos. Animal Reproduction Science. 2007, 102(1-2):137-144.

[45]Altamirano C, Paredes C, Cairó JJ, Godia F. Improvement of CHO Cell Culture Medium Formulation: Simultaneous Substitution of Glucose and Glutamine. Biotechnol. Prog. 2000, 16(1):69-75.

[46]Wagner A. Production de prourokinase par des cellules humaines tumorales cultivées en réacteurs discontinus et perfusés : cinétique, physiologie et modélisation. Th Doctorat, INPL, Nancy, 1990.

[47] Engström W, Zetterberg A. The relationship between purines, pyrimidines, nucleosides, and glutamine for fibroblast cell proliferation. J. Cell. Physiol. 1984, 120(2):233-241.

[48] Christie GR, Hyde R, Hundal HS. Regulation of amino acid transporters by amino acid availability. Curr. Opin. Clin. Nutr. Metab. Care. 2001, 4(5):425-31.

[49] Hyde R, Taylor PM, Hundal HS. Amino acid transporters: roles in amino acid sensing and signalling in animal cells. Biochem. J. 2003, 373:1-18.

[50] Neermann J, Wagner R. 1996. Comparative analysis of glucose and glutamine metabolism in transformed mammalian cell lines, insect and primary liver cells. J. Cell. Physiol. 166(1):152-169.

[51] Shena CF, Hawari J, Kamen A. Micro-quantitation of lipids in serum-free cell culture media: a critical aspect is the minimization of interference from medium components and chemical reagents. Journal of Chromatography B, 2004, (810),119–127.

[52] Castro P.M.L., Hayter P.M., Ison A.P., Bull A.T. Application of a statistical design to the optimization of culture medium for recombinant interferon-gamma production by Chinese hamster ovary cells. Appl. Microbiol. Biotechnol. 1992, 38(1):84-90.

[53] Castro PML, Ison AP, Hayter PM, Bull AT. CHO cell growth and recombinant interferon-γ production: Effects of BSA, Pluronic and lipids. Cytotechnology. 1995, 19(1):27-36.

[54] Ham RG, McKeehan WL. Media and growth requirements. Methods Enzymol. 1979, 58,44.

[55] Butler M, Huzel N, Barnabé N, Gray T & Bajno L. Linoleic acid improves the robustness of cells in agitated cultures. Cytotechnology. 1999, 30: 27–36.

[56] Abe K, Ikeda M, Ariumi Y, Dansako H, Kato N. Serum-free cell culture system supplemented with lipid-rich albumin for hepatitis C virus (strain O of genotype 1b) replication. Virus Research. 2007, 125:162–168.

[57] Okonkowski J, Balasubramanian U, Seamans C, Fries S, Zhang J Salmon P, Robinson D and Chartrain M. Cholesterol Delivery to NS0 Cells: Challenges and Solutions in Disposable Linear Low-Density Polyethylene-Based Bioreactors JOURNAL OF BIOSCIENCE AND BIOENGINEERING. 2007,Vol. 103, No. 1, 50–59.

[58]Kurano S, Kurano N, Leist C, Fiechter A. Utilization and stability of vitamins in serum-containing and serum-free media in CHO cell culture. Cytotechnology. 1990, 4(3):243-250.

[59] Hiller GW, Clark DS, Blanch HW. Transient responses of hybridoma cells in continuous culture to step changes in amino acid and vitamin concentrations. Biotechnol. Bioeng. 1994, 44(3):303-321.

[60] Lescuyer P. Etude de l'expression des gènes nucléaires codant pour les sous-unités du complexe I mitochondrial humain. Th Doctorat, Grenoble, 2002, p101.

[61] Ruffieux PA, von Stockar U, Marison IW. Measurement of volumetric (OUR) and determination of specific (qO$_2$) oxygen uptake rates in animal cell cultures. J. Biotechnol. 1998, 63(2):85-95.

[62] Ducommun P, Ruffieux PA, Kadouri A, von Stockar U, Marison IW. Monitoring of temperature effects on animal cell metabolism in a packed bed process. Biotechnol. Bioeng. 2002, 77(7):838-842.

[63] Kurano N, Leist C, Messi F, Kurano S, Fiechter A. Growth behavior of Chinese hamster ovary cells in a compact loop bioreactor: 1. Effects of physical and chemical environments. J. Biotechnol. 1990, 15(1-2):101-111.

[64] Jenkins N, Hovey A. Temperature control of growth and productivity in mutant Chinese hamster ovary cells synthesizing a recombinant protein. Biotechnol. Bioeng. 1993, 42(9):1029-1036.

[65] Maio, A. Extracellular heat shock proteins, cellular export vesicles, and the Stress Observation System: A form of communication during injury, infection, and cell damage. Cell Stress and Chaperones. 2010, 16: 235-249.

[66] Olsen RE, Sundell K, Ringo E, Myklebust R, Hemre GI, Hansen T. The acute stress response in fed and food deprived Atlantic cod Gadus morhua L, Aquaculture. 2008, 280: 232–241.

[67] Chaudhry MA, Bowen BD et Piret, JM. Culture pH and osmolality influence proliferation and embryoid body yields of murine embryonic stem cells. Biochemical Engineering Journal. 2009, 45, (2): 126-135.

[68] Cherlet M, Marc A. Hybridoma cell behaviour in continuous culture under hype- rosmotic stress. Cytotechnology. 1999, 29, (1): 71- 84.

[69] Link T, Bäckström M, Graham R, Essers R, Zörner K, Gätgens J, Burchell J, Taylor-Papadimitiou J, Hansson GC and Noll T. Bioprocess development for the production of a recombinant MUC1 fusion protein expressed by CHO-K1 cells in protein-free medium. Journal of Biotechnology. 2004, 110(1): 51-62.

[70] Chen A, Chitta R, Chang D and Amanullah A. Twenty-four well plate miniature bioreactor system as a scale-down model for cell culture process development. Biotechnology and Bioengineering. 2009, 102(1): 148_160.

[71] Chon JH and Zarbis-Papastoitsis G. Advances in the production and downstream processing of antibodies. New Biotechnology. 2011, 28(5): 458-463.

[72] Kelley B. Industrialization of mAb production technology The bioprocessing industry at a crossroads. mAbs. 2009, 1(5): 443-452.

[73] Jain E and Kumar A. Upstream processes in antibody production: Evaluation of critical parameters. Biotechnology Advances. 2007, 26(1): 46-72.

[74] Heath C, Kiss R. Cell culture process development: Advances in process engineering. Biotechnology Progress. 2007, 23(1): 46-51.

[75] Nienow AW. Reactor engineering in large scale animal cell culture. Cytotechnology. 2006, 50(1-3):9-33.

[76] Marks D. Equipment design considerations for large scale cell culture. Cytotechnology. 2003, 42(1):21-33.

[77] Butler M. Animal cell cultures: recent achievements and perspectives in the production of biopharmaceuticals. Applied Microbiology and Biotechnology. 2005, 68(3): 283-291.

[78] Fenge C, Klein C, Heuer C, Siegel U., Fraune E. Agitation, aeration and perfusion modules for cell culture bioreactors. Cytotechnology. 1993, 11(3):233-244.

[79] Ziv M, Ronen G, Raviv M. Proliferation of meristematic clusters in disposable presterilized plastic bioreactors for the large-scale micropropagation of plants. In Vitro Cellular & Developmental Biology – Plant. 1998, 34(2): 152-158.

[80] Grima EM, Chisti Y, Moo-Young M. Characterization of shear rates in airlift bioreactors for animal cell culture. J. Biotechnol. 1997, 54(3):195-210.

[81] Eibl R. et Eibl D. Disposable bioreactors for cell culture-based bioprocessing. Process. 2007, (2): 8-10

[82] Eibl R, Kaiser S, Lombriser R, et Eibl D. Disposable bioreactors: the current state-of- the-art and recommended applications in biotechnology. Applied microbiology and biotechnology. 2010, 86(1), 41-49.

[83] De Jesus M & Wurm FM. Manufacturing recombinant proteins in kg-ton quantities using animal cells in bioreactors. European Journal of Pharmaceutics and Biopharmaceutics. 2011, 78(2): 184-188.

[84] Nucleo Brochure_single pages. www.atmi-lifesciences.com consulté le 29 Octobre 2013.

[85] XDR[TM] Disposable Bioreactor. www.xcellerex.com consulté le 29 Octobre 2013.

[86] Birch JR & Racher AJ. Antibody production. Advanced Drug Delivery Reviews. 2006, 58(5-6): 671-685.

[87] Chen P & Harcum SW. Effects of elevated ammonium on glycosylation gene expression in CHO cells. Metabolic Engineering. 2006, 8(2): 123-132.

[88] Hayter PM, Curling EMA, Gould ML, Baines AJ, Jenkins N, Salmon I, Strange PG, Bull AT. The effect of the dilution rate on CHO cell physiology and recombinant interferon- gamma production in glucose-limited chemostat culture. Biotechnol. Bioeng. 1993, 42(9):1077- 1085.

[89] Mercille S, Johnson M, Lanthier S, Kamen AA, Massie B. Understanding factors that limit the productivity of suspension-based perfusion cultures operated at high medium renewal rates. Biotechnol. Bioeng. 2000, 67(4):435-450.

[90] Ryll T, Dutina G, Reyes A, Gunson J, Krummen L, Etcheverry T. Performance of small-scale CHO perfusion cultures using an acoustic cell filtration device for cell retention: Characterization of separation efficiency and impact of perfusion on product quality. Biotechnol. Bioeng. 2000, 69(4):440-449.

[91] Castilho LR, Anspach FB, Deckwer W-D. An Integrated Process for Mammalian Cell Perfusion Cultivation and Product Purification Using a Dynamic Filter. Biotechnology Progress. 2002, 18(4):776-781.

[92] Griffiths J, Looby D, Racher A. Maximisation of perfusion systems and process comparison with batch-type cultures. Cytotechnology. 1992, 9(1):3-9.

[93] Roth G, Smith C, Schoofs G, Montgomery T, Ayala J, Horwitz J. Using an external vortex flow filtration device for perfusion cell culture. BioPharm. 1997, 10:30-35.

[94] Chu L, Robinson DK. Industrial choices for protein production by large-scale cell culture. Curr. Opin. Biotechnol. 2001, 12(2):180-187.

[95] Johnstone RE, Thring MW. Pilot Plant, Models, and Scale-Up Methods. McGraw-Hill, New York, 1957.

[96] UlhVW, Von Essen JA. Scale-up of fluid mixing equipment. In: UlhVW, Gray JB, editors, Mixing: Theory and Practice, Vol. 3, Academic Press, 1986,155-167.

[97] Trambouze P et Euzen JP. Les réacteurs chimiques de la conception à la mise en œuvre. Editions TECHNIP. 2002, p 78.

[98] McConville FC and Kessler SB. Scale-up of mixing processes : a primer. In Chemical Engineering in the Pharmaceutical Industry: R&D to Manufacturing. Edité par David J. am Ende. 2011, p250-1.

[99] Rostan M. Opérations unitaires: agitation et mélange. Comprendre les mécanismes en jeu et maîtriser les différentes techniques. *Les Techniques de l'Ingénieur. Réf. TIB486DUO*. 2005.

[100] van't Riet K, Tramper J. Basic bioreactor design. 1991, New York, USA: Marcel Dekker Inc.

[101] Bujalski W, Nienow AW, Chatwin S, Cooke M. The dependency on scale of power numbers of Rushton disc turbines. Chem Eng Sci. 1987, 42(2):317–26.

[102] Zhu H, Nienow AW et Bujalski W. Mixing studies in a model aerated bio- reactor equipped with an up- or a down- pumping « Elephant Ear » agitator : Power, hold-up and aerated flow field measurements. Chemical engineering research and design. 2009, 87, 3, p. 307-317.

[103] Baart GJE, de Jong G, Philippi M, Riet K, van der Pol LA, Beuvery EC, Tramper J, Martens DE. Scale-up for bulk production of vaccine against meningococcal disease. Vaccine. 2007, 25: 6399–6408.

[104] Dhanasekharan KM, Sanyal J, Jain A, Haidari A. A generalized approach to model oxygen transfer in bioreactors using population balances and computational fluid dynamics. Chem Eng Sci. 2005, 60:213–8.

[105] Mostafa SS and Gu X. Strategies for improved dCO2 removal in large-scale fed- batch cultures. Biotechnology progress. 2003, 19, 1, p. 45-51.

[106] Tharmalingam T, Ghebeh H, T. Wuerz T, Butler M. Pluronic Enhances the Robustness and Reduces the Cell Attachment of Mammalian Cells. Mol Biotechnol, 2008, 39:167–177

[107] Xing Z et Kenty BM. Scale-up analysis for a CHO cell culture process in large-scale bioreactors. Biotechnology and bioengineering. 2009, 103, 4, p. 733-746.

[108] Goudar CT, Matanguihan R et Lang E. Decreased pCO_2 accumulation by eliminating bicarbonate addition to high cell-density cultures. Biotechnology and bioengineering. 2007, 96, (6): 1107-1117.

[109] Nienow AW. On impeller circulation and mixing effectiveness in the turbulent flow regime. Chem Eng Sci. 1997, 52(15):2557–65.

[110] Sweere APJ, LuybenKCAM, Kossen NWF. Regime analysis and scale-down: tools to investigate the performance of bioreactors. Enzyme Microb Technol. 1987, 9(7):386–98.

[111] Delaplace G, Leuliet JC, Dieulot JY, et Brienne JP. Détermination expérimentale et prédiction des temps de circulation et de mélange pour un système d'agitation hélicoïdal. The Canadian Journal of Chemical Engineering. 1997,77, (3): 447–457.

[112] Garcia-Ochoa F. Gomez E. Bioreactor scale-up and oxygen transfer rate in microbial processes: An overview. Biotechnology Advances. 2009, 27:153–176

[113] Nedeltchev S, Ookawara S, Ogawa K. A fundamental approach to bubble column scale-up based on quality of mixedness. J Chem Eng Jpn. 1999, 32:431–9.

[114] Vasconcelos JMT, Alves SS, Nienow AW, Bujalski W. Scale-up of mixing in gassed multi-turbine agitate vessels. Can J Chem Eng. 1998, 76:398–403.

[115] Hosobuchi M. Yoshikawa H. Scale up of microbial processes. Manual of industrial microbiology and biotechnology. 1999, 236-9.

[116] Margaritis A, Zajic JE. Biotechnology review: mixing, mass transfer and scale-up of polysaccharide fermentations. Biotechnol Bioeng. 1978, 20:939-1001.

[117] Figueiredo LM, Calderbank PH. The scale-up of aerated mixing vessels for specified oxygen dissolution rates. Chem Eng Sci. 1979, 34:1333–8.

[118] Shukla VB, Veera UP, Kulkarni PR, Pandit AB. Scale up of biotransformation process in stirred tank reactor using dual impeller bioreactor. Biochem Eng J. 2001, 8:19–29.

[119] Yang JD, Lu C, Stasny B, Henley J et al. Fed-batch bioreactor process scale-up from 3-L to 2,500-L scale for monoclonal antibody production from cell culture. Biotechnology and Bioengineering. 2007,98, (1): 141-154.

[120] Office of science policy, National Institutes of health. http://oba.od.nih.gov/rdna/nih_guidelines_oba.html. Consulté le 12 Décembre 2013.